一看就想模仿的收納巧思

無印良品
親子收納術

Contents

居住在清爽親子宅的專家的

「無印良品」
收納術

PROFILE
將「調整身心和生活」的概念運用在居家收納和瑜伽教學，也經營YouTube頻道。
Instagram @iwamayu_
https://simple10tree.com

層架和書桌橫向配置。
書桌面向牆壁，提升孩子的專注力！

自由組合層架組・3層×2列・橡木
（寬82×深28.5×高121cm）
24,900日圓

Kids Space
學習和上學前準備
都統統在此區完成！

將客廳後面的空間打造成學習專區。
教科書、書包跟補習用品統統放入書桌旁的組合層架，
讓小孩能在最短的距離，做完自己該做的事。

方便隨時替換便當袋
就近收納在書包附近

便當袋組放入和層架同材質的抽屜（A）。收納在背包附近，就能省去更換的麻煩！其他抽屜則放入備用的文具用品和學習用品。

帽子也有固定位置！
掛在與視線齊平的高度

為了方便孩子背上書包後立刻戴帽子，於是在牆上安裝掛勾（B）來收納。回家後也很容易歸位。採用容易拆卸的零件，日後孩子長高也可以改變高度。

才藝袋直接放進去就好！
向雜亂無章說掰掰

附提把的收納籃（C）擺放才藝課用的游泳袋。雖然才藝袋也可以直接擺在層架上，但用收納籃就能遮住令人眼花撩亂的色彩。孩子從上方把才藝袋放入籃內就好。

從學校帶回家的
學習用品
也要固定收納場所

大收納籃（C）擺放只有特定日子才會帶去學校的學習用品，以及學期末會帶回家的大型用品。由於很少拿取，所以選擇收納在掛在桌邊的補習班黑色背包的後面。

能小到大、長久使用的
收納用品買好、買齊。

岩城女士認為，無印良品最大的魅力在於設計簡約又能靈活運用，不只會用來收納兒童用品，也會廣泛運用於整個家中。「連家具我都是無印良品居多。無印良品的收納用品尺寸齊全，能完美對應層架和抽屜，而且隨時能添購也是一大重點。」

其中自由組合層架特別受到她的青睞。「我用了9年左右。如今是學雜用品收納架的層架，在孩子年幼時曾經作為雜貨展示架。自從兒子上小學後，就搬到廚房櫥櫃前面給他擺書包。這個層架的優點在於即使用途和收納物品不同，也能永續使用。我想小孩的房間早晚也會再使用到。」

以橫木條和夾子搞定空中收納。
還能直立擺放 iPad

將長押（E）設置在方便看到 iPad 的高度。
上面的掛勾（F）可吊掛桌上型掃帚（G），
用來清潔橡皮擦屑或灰塵。

尚待確認的講義
直立放在桌面上

用壓克力收納架（D）整理文
件。由於間隔小，紙張放入後
也不易歪斜。即使沒放文件，
透明材質也不會顯眼，可保持
桌面視覺上的簡潔清爽。

將短的鉛筆接起來
& 延伸，方便使用！

文具用品也清一色是無印
良品。近期發售的鉛筆延
伸蓋（H）兩端都能裝鉛筆，
能夠把過短的鉛筆調整成
喜歡的長度。其中一端多
半會接紅筆。

提升專注力的
檸檬香氛

桌上擺放芬香石（I）作為讀書時的香精。
由於不是加熱型的擴香器，放在兒童空間
也能安心使用。只挑選有助於提神醒腦的
檸檬精油（J）。

Kids Room
收納空間與學習空間的調性統一，變換收納物品位置時方便又簡單！

主要選用與學習用品收納架同系列的自由組合層架。架上的收納箱可以任意更換或是暫時移動位置。唯有同系列且模組化的收納用品，才能實現這點！

自由組合層架組・5層×2列・橡木
（寬82×深28.5×高200cm）
29,900日圓

以木紋質感杜絕
遊戲卡牌的雜亂色彩

使用與層架相同材質的橡木組合收納櫃（K）。用來分類遊戲卡牌，還有偶爾會用到的蠟筆等物品。過去放在客廳以束口便當袋收納，後來改變用途進行活用。

以特大收納籃
輕鬆保存舊教科書

以藤編收納籃（L）保管去年的教科書和講義。在升至下一學年度，等籃內積滿舊教科書的時候，再重新進行審視。

只用床墊，隨意移動也OK

全家人都用同款無印良品的床墊，寢具也是統一。雖然兒子平時睡在兒童房，但有時也會把床墊移動到主臥房，一家三口睡成川字也是樂趣之一。

充滿回憶的玩具收入堅固的箱中

儘管割捨掉很多玩具，但兒子捨不得的玩具，依然珍藏在位於兒童房間角落的收納箱（M）。她打算等箱內物品減少後，放在別的場所使用。

Others
設置在牆上的三連掛鉤 在整間屋內大顯身手！

> 廚房

壁掛家具就算在石膏牆板上也能使用，所以廣受歡迎。
特別是三連掛鉤（N）的可闔式設計相當便利，
因此被愛用於屋內各處。同樣也適合作為蝸居收納。

> 兒童房間

肩背水壺的指定位置

配置在廚房的走道側。使用時
才放下掛鉤的設計，很適合狹
窄的走廊。先把裝好茶的水壺
掛起來，讓準備上學的孩子自
行背出門。

突然多出來的行李和
上衣順手一掛就好！

專程用來收納像玩具、外套等
臨時需要擺放的物品。雖然配
置在門後方的牆壁上，但掛鉤
可闔上，不會妨礙到門的開與
關。主臥室也採用相同的配置。

＼ 電玩類用品 該如何收納呢？ ／

用化妝盒
來分門別類

使用場所＝收納場所，直接收納在電視櫃會省
事很多。用化妝盒系列為電玩類用品收納，同
時放置主機和遊戲片分類。主要使用化妝盒
（O），至於會卡到櫃內配件的位置，則可改
用1/2尺寸的化妝盒（P）。

岩城女士的愛用品清單

M

耐壓收納箱／小／30L（約寬40×深39×高37cm）1,490日圓。
＊實例為舊款

I

芬香石／附盤／白（石頭約直徑6.5×3cm，附盤約直徑6.3×0.5cm）690日圓

E

壁掛家具／長押／橡木／88cm（寬88×深4×高9cm）2,990日圓

A

橡木組合收納櫃／抽屜／4段（寬37×深28×高37cm）5,990日圓

N

壁掛家具／三連掛鉤／橡木／44cm（約寬44×深2.5×高10cm）2,990日圓

J

檸檬精油／10mL 1,190日圓

F

掛鉤（防橫搖型）／小／3入（約直徑1×2.5cm）350日圓

B

壁掛家具／掛鉤／橡木（寬4×深6×高8cm）890日圓

O

PP化妝盒（約寬15×深22×高16.9cm）250日圓

K

橡木組合收納櫃／抽屜／4個（寬37×深28×高37cm）5,990日圓

G

桌上型掃帚／附畚箕（約寬16×深4×高17cm）390日圓

C

附把手帆布長方形籃／深（約寬37×深26×高32cm）2,290日圓

P

PP化妝盒・1/2（約寬15×深22×高8.6cm）190日圓

L

可堆疊藤編長方形籃／特大（約寬36×深26×高31cm）3,990日圓

H

鉛筆延伸蓋（兩端可使用）／2入（約寬1×5.8cm）70日圓

D

壓克力收納架／A5尺寸（約寬8.7×深17×高25.2cm）1,490日圓

CASE
02 /
整理收納諮詢師
taka女士
與丈夫、兒子（16歲、13歲）、
女兒（12歲）的五人家庭。

PROFILE
「永續美好生活」收納服務的負
責人，協助規劃讓家庭成員樂於
整理的生活環境，以及各種收納
妙方。
https://www.tsudukukurashi-
taka.com

從孩子的視角規劃收納
即使在客廳念書也不會亂糟糟

Dining Room

桌子後面是書包的指定位置！不用移動就能做好上學前準備

飯桌同時也是女兒的書桌。
所以把書包、學習用品和隨身用品
全數放在後方架子上。
在避免孩子忘記帶東西的部分下足功夫。

淺型抽屜方便取放物品

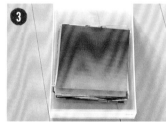

❶❷的抽屜盒（A）收納便當袋、手帕及面紙。因為是淺型，所以不會有物品被掩埋的問題，淺型抽屜也會讓所有物品一目了然。❸同系列的收納盒有2個抽屜（B），擺放色紙剛剛好。

選擇讓書包
維持直立擺放的收納架

將無印良品的層架並排擺放，當作女兒的學習用品收納架。83cm 的高度剛好適合女兒背起跟擺放書包！為此女兒也不會想把書包隨手扔在地上。課本和每日攜帶用品都收納在這裡。

**體溫計放在書包旁邊，
為物品定位就不易忘記。**

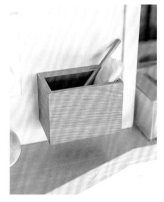

量體溫是每天早上的例行公事。在書包擺放處的右側配置壁掛家具小物盒（C）。用來記錄體溫的鉛筆也配套擺放在這裡，這是讓小孩能自行量體溫的整理計畫。

即使顏色和形狀不同，也能成功收納整齊

taka 女士本身是整理收納諮詢師，同時也是無印良品超過 20 年的愛用者。「我喜歡原木溫暖的質感，重點在於能打造清爽又不失風雅的家景。雖然孩童用品的顏色和形狀林林總總，但使用無印良品的收納系列，從好的意義上來說可以消除幼稚感。無印良品的優良品質也深受我的信賴，給小孩使用也不容易損壞。」

在兒童收納用品的挑選上，taka 女士有兩個重點，一是好收易拿的無蓋設計，二是輕便好用。「雖說規劃跟引導小孩收納物品是爸媽的工作，但實際使用物品的依然是小孩。因此規劃竅門就是站在小孩的角度思考，像是一目了然和輕鬆歸位等，讓小孩能自動自發地收拾環境。我在進行規劃時也會採納小孩的意見，不會一手獨攬。」

**採用單一收納動作＆粗略分類，
孩子玩完後也能立刻歸位。**

電視櫃也是無印良品，用來收納電玩主機和遊戲片。
只要拉開抽屜、打開櫃門就能拿出想要的物品。電視
旁邊僅擺設迷你家飾品、防災用手電筒和觀葉植物。

電玩＆髮飾等顏色繽紛的
物品統一放入美觀收納箱，
完美地融入家具布置中。

橡木製儲物櫃是客廳的主角。
因此選擇能融入天然材質家具的收納箱，
將五顏六色的物品藏起來。

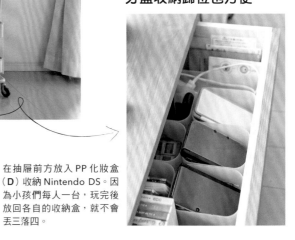

**電玩主機的獨立包廂
分盒收納歸位也方便**

善用不織布分隔袋・順手歸位就會很整齊

使用長方形藤・中（E）和長方形藤盒（F）。籃內放入不織布分隔袋
（G），粗略分類電線類和零件。不織布會依照內容物改變形狀，所以
任意擺放也沒關係。遊戲片的尺寸剛好適合PP資料盒（H）。讓所有
物品都一覽無遺。

在抽屜前方放入 PP 化妝盒
（D）收納 Nintendo DS。因
為小孩們每人一台，玩完後
放回各自的收納盒，就不會
丟三落四。

**起床後就要立刻綁頭髮，
所以將髮圈固定放在
擺飾架上的的指定位置。**

將女兒的髮圈收納於鋼製工具箱（I、
J），放在走廊旁邊的擺飾架上。因為
女兒早上到客廳立刻綁頭髮，於是
她在考量到生活動線和高度後，才決
定擺在這裡。盒蓋蓋上後就能保持整
齊清爽。

**擺放3座環保收納櫃並排使用，
孩子們長大後再轉做其他用途。**

這裡是國二的兒子和國小的女兒共同的玩具書籍收納專區。右側是 2 座 DIY 環保收納櫃 A4（K）和 1 座 DIY 環保收納櫃窄版（L）堆疊組合而成。打算在小孩長大後還可拆開使用。

Kids Space
選用直放、橫放都OK
& 輕便的環保收納櫃，
可隨時調整物品擺設。

與客廳比鄰的房間是taka女士家的兒童空間。
由於內容物會隨著成長而有改變，
所以挑選方便調整配置的收納用品。

藤籃的材質、尺寸
完美搭配IKEA收納櫃

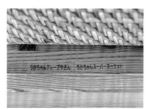

用盒子分類女兒的森林家族和莉卡娃娃。使用可堆疊藤編長方形籃／中（E）跟大（N）。而且偶然發現藤籃寬度剛好符合 IKEA 的 TROFAST 收納櫃的抽屜尺寸！質感也很搭！

／玩具的
定位標籤

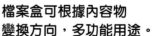

檔案盒可根據內容物
變換方向，多功能用途。

直立擺放聚丙烯檔案盒（M）收納課本講義。由於書檔版不易傾倒又穩定，所以格外適合當成分隔板使用。同款檔案盒也能活用於收納玩具，將零碎小物隨手扔進去，當快滿出來的時候，就會與小孩一起檢視物品。

以吊衣桿爲主要收納
徹底減輕家務負擔

將洗好晾乾的衣物直接掛到吊衣桿上會省事許多。抽屜式收納盒（O、P）可配合吊掛衣物的長度來改變堆疊的高度。

Closet

全家人的共用空間更要重視整體感。使用同款收納盒也能避免凌亂感。

家庭衣櫃容納了一家人的衣物。
基本款收納盒並排擺放在地上，
不僅兼顧了美觀與實用性，
也有效活用了吊衣桿下方的空間。

過季物品收入附蓋收納箱防止灰塵

把泳裝等季節性衣物擺放棚架上。為了防止灰塵，選用了附蓋的軟式收納盒（Q）。兩側的提把設計，無論拿取及歸位都方便。

下身衣物類直立收納一目了然

PP 衣裝盒大（P）主要用來收納下身衣物。由於盒深足夠直立收納，衣服就不會找不到，同時也活用書擋，這樣一來拿取衣物後，隔壁的衣物也不會傾倒。

為孩子準備的防災用品
無印良品也能派上用場！

於玄關設置避難包和防災用品的收納空間。為小孩們準備各自的無印良品防災頭盔、茶水、營養輔助食品和充電器等，放入肩背包內拿了就走。還好無印良品有推出齊全的防災用品。平時也不忘儲備乾燥蔬菜、獨立包裝零食和無印良品的相關用品。

taka女士愛用品清單

N 可堆疊藤編／長方形籃／大（約寬36×深26×高24cm）2,990日圓

J 鋼製工具箱／2（約寬15.5×深10.5×高5.5cm）990日圓

E 可堆疊藤編／長方形籃／中（約寬36×深26×高16cm）2,290日圓

A PP資料盒／橫式／薄型（約寬37×深26×高9cm）890日圓

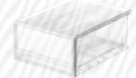

O PP衣裝盒／橫式／小（約寬34×深44.5×高18cm）990日圓

K DIY環保收納櫃／A4／3層／米色（約寬37.5×深29×高109cm）3,490日圓

F 可堆疊藤編／長方盒／中／附蓋（約寬26×深18×高16cm）1,990日圓

B PP資料盒／橫式／薄型／2個抽屜（約寬37×深26×高9cm）1,190日圓

P PP衣裝盒／橫式／大（約寬34×深44.5×高24cm）1,190日圓

L DIY環保收納櫃／窄版／3層／米色（約寬25×深29×高109cm）2,890日圓

G 可調整高度的不織布分隔袋／中／2入（約寬15×深32.5×高21cm）790日圓

H 聚丙烯藥盒／L（約寬6.6×深17×高2cm）290日圓

C 壁掛家具／小物盒／橡木（約寬11×深7×高8cm）1,290日圓

Q 棉麻聚酯收納箱／長方形／中／附蓋（約寬37×深26×高26cm）990日圓

M 聚丙烯檔案盒／標準型／寬版／A4用／白灰（約寬15×深32×高24cm）590日圓

I 鋼製工具箱／1（約寬20.5×深11×高5.5cm）1,190日圓

D PP化妝盒½橫型（約寬15×深11×高8.6cm）150日圓

將居家收納規劃成爲
從廚房望出的視線範圍內
即是孩子經常停留之處

PROFILE
提供整理收納服務時，很重視惜
物和長久使用的北歐思維。住在
大阪的3LDK大廈大樓。
Instagram：@saki_.osaka

自由組合層架／橡木／5層（約寬
42×深28.5×高200cm）18,900日圓

Living Room

兒童用品
設置在櫥櫃下方
學習&玩樂
IN同一區域！

櫥櫃下面的狹窄空間
剛好能擺放自由組合層架。
將兒童用品集中收納於一處，
也能避免客廳流於雜亂的印象。

利用學雜用品架和層架
打造L型的兒童專用區

在靠近廚房的餐桌側配置家具，打造小孩的專屬空間。無論是學習或畫畫，都能順手拿取必要用品。在層架前面鋪上地毯，方便小孩休息或是讀書。

只要單一動作就能取放書籍
不必費力將整箱拉出來

雖然很不想露出書封，但收起來會很難取用，所以使用收納盒／半／中（B）。不僅能適度遮住書封，書的上方也留有取放書本的空間。

桌子下方擺藥品！
零距離即可拿取就不會忘記

藥物放入可堆疊椰纖編（A），打造桌下收納空間。既不會有礙觀瞻，孩子也能自行拿取，所以不會忘記吃藥。

挑選能長久使用的收納品
劃分親子的生活區域

無印良品是さき女士從婚前到婚後生子都持續愛用的品牌。

「無印良品的魅力在於不管是家族成員增加，還是想買齊用品時，都能輕易買到自己想要的用品。」由於小孩目前年紀還小，所以購物時會以小孩的使用方便性及喜好為第一優先。

「但我同樣重視大人的居住品質，所以會清楚劃分兒童專區，還有能夠享受生活情調的大人專區，藉此取得平衡。」

由於不愛無機質的氛圍，居家佈置以能營造溫馨居住氛圍的原木調為主軸。「我家小孩目前用的家具也幾乎都是無印良品，由於用途沒有特別限制，因此，以後當孩子長大離家自立後，也能轉作其他用途的用品。」現在櫥櫃下方的自由組合層架原本是擺在廚房，經更改配置後仍方便再次運用。

盒內擺放用心挑選
全家皆能同樂的玩具

畢竟客廳是公共空間，基本上多數玩具會擺在兒童房間。特意挑選全家能一起玩的黑白棋和雙六（日本傳統桌上遊戲）放入 PP 資料盒（D），然後擺在位於客廳的自由組合層架上。

喜愛的物品擺在抽屜式收納盒
讓孩子自行管理專屬空間

PP盒（C）存放女兒的重視的物品，像是朋友的信和貼紙等。選用不透明、看不見物品的白灰收納盒，同時能維持外觀的整齊清爽。

收納盒的深度＆高度
皆十分符合壁櫥空間

與客廳比鄰的和室，擺放孩子們的制服等物品。PP 衣裝盒／小（F）和大（G）分類上下堆疊。由於採用抽屜式，所以能充分利用到壁櫥深處的空間。

鋼琴專用耳機放在正下方
用品擺在使用場所
是收納的不二法則

有時練習彈琴會用到耳機。由於女兒經常用到，因此採用無蓋的開放式收納。可堆疊藤編長方形籃（E）放在腳邊，收拾整理時也輕鬆，和鋼琴的顏色搭配起來也好看。

季節性用品收藏鎖扣式
收納箱後，再擺放高處

將兩個附鎖扣的 PP 搬運箱／大（H）擺在壁櫥頂櫃。季節性用品統一收納在同處，就不怕發生忘記是否買過而找東找西，或是重複購買等情況。使用鎖扣式收納箱，就算收納在壁櫥頂櫃也很安心。

家具不論橫放、直放皆可
所以能輕鬆更改擺設！

DIY 環保收納櫃（I）現正服役中。一個只要 3,490 日圓，可以輕鬆一次買齊。由於直放、橫放都可以，未來可能會直放，會讓房內空間更寬敞。

Kids Room
兒童房間指定使用
輕巧且價格合理的
DIY環保收納櫃。

遊戲空間只有當女兒們年紀還小時才會用到。
所以在挑選家具時，並非以永久使用為前提，
而是以小巧玲瓏的收納家具為主，方便小孩能自行移動。

只取出想玩的收納箱
就能把凌亂降到最低限度

替森林家族、莉卡娃娃人偶等玩具依照種類分箱收納。玩具屋等也收在觸手可及之處，就能在最短的時間內將玩具整理好。

用塗鴉磁鐵夾
爲孩子們開設畫展

使用磁鐵夾（J）掛起孩子們的畫作。磁吸式的設計，替換畫作也很方便。刻意使用和牆壁融為一體的白灰色掛鉤（K），讓畫作更加醒目。

用紙箱遮住
五顏六色的雜物

將五顏六色的零碎小玩具收納在DIY環保收納櫃用紙箱抽屜（L）。厚紙板的材質，即使小孩也能輕鬆拉出來。雜物遮起來後，從正前方看起來也整齊多了！

美勞作品隨性地收入
輕巧&開放式的收納箱

地上的棉麻聚酯收納箱（M）放入了各種勞作跟圖畫。刻意使用大尺寸收納箱，這樣就能保管很多作品，也可以放在兒童房間內，讓孩子們自行整理。

Kitchen
無論鐵架or收納箱
均為無印良品。
即便不同材質
外觀依舊整齊清爽。

廚房是用品種類繁多又很擁擠的地方，
正因如此才要用無印良品收納整理。
同時也會因應孩子們的成長及
生活型態改變時，更換收納箱。

架子的高度可配合
內容物來更動調整

選擇 SUS 不鏽鋼層架當作排骨置物
架，著眼在其能隨意增加或是移動層
板的自由度。另選椰纖編織籃和藤編
籃當作抽屜來使用。

將水壺放入淺的編織籃中
瓶蓋、瓶身拆開擺放很方便

可堆疊長方形藤籃／小（N）是水壺
的固定位置。只要平躺收納就不會佔
空間，瓶蓋與瓶身拆開擺放，可以縮
短準備茶水的時間。

Entrance
活用鞋櫃和地板
之間的空間
收納戶外用品！

孩子小時候會隨手扔在玄關的物品出乎意料地多呢！
這裡剛好就是不使用時收起來，
想用時再迅速拿出來的收納創意。

利用符合空隙尺寸的收納箱

戶外玩具直接擺在玄關的話，灰塵髒汙很可能會弄髒家裡。
所以統統收入 PP 搬運箱（O），用不到時還能折疊起來節省
空間。

さき女士的愛用品清單

棉麻聚酯收納箱／長方形／大（約寬37×深26×高34cm）990日圓

DIY環保收納櫃／A4／3層／米色（約寬37.5×深29×高109cm）3,490日圓

可堆疊藤編／長方形籃／小（約寬26×深18×高12cm）1,890日圓

可堆疊椰纖編／長方形籃／中（約寬26×深18.5×高12cm）750日圓

可堆疊藤編／長方形籃／小（約寬36×深26×高12cm）1,990日圓

塗鴉磁鐵夾／小（約寬2×長21cm）350日圓

PP衣裝盒／橫式／小（約寬55×深44.5×高18cm）1,490日圓

軟質聚乙烯收納盒／半／中（約寬18×深25.5×高16cm）490日圓

PP搬運箱／摺疊式／大（約寬36×深51×高24.5cm）1,490日圓

壁掛家具／掛鉤／橡木／白灰（寬4×深6×高8cm）890日圓

PP衣裝盒／橫式／大（約寬55×深44.5×高24cm）1,790日圓

PP盒／橫式／薄型／白灰（約寬37×深26×高9cm）890日圓

DIY環保收納櫃用紙箱抽屜（寬34×深27×高34cm）750日圓

PP搬運箱／附鎖扣／大（約寬36×深52×高16.5cm）1,190日圓
＊日本網路門市限定款

PP資料盒／橫式／薄型（約寬37×深26×高9cm）890日圓

部落客・插畫家

ayakoteramoto女士

丈夫、兒子（10歲、8歲、3歲）、女兒（1歲）的六人家庭

PROFILE
以插畫家的身分從事活動，同時也經營極簡生活和育兒主題的部落格。公寓大樓於2016年全面翻新。
https://www.simple-home.net

無印良品的魅力
在於從嬰兒到小學生
家族成員都能隨意運用

只有用到時才反過來放！
由上方確認內容

這一區是 10 歲和 8 歲兒子的學習空間。學習用品放入檔案盒（A）並排列整齊。之前是直立朝正面擺放，但為了進一步締造清爽的視覺感受，所以才刻意反過來擺放，只有使用時才會露出來。

Living Room

別讓教科書和講義露出！
遮住顏色後
雜亂也瞬間歸零

隨著小孩的年紀成長，
教科書和練習題本的數量也成比例增加。
而且形狀和厚度也各不相同，
索性放入檔案盒中，眼不見為淨。

數量繁多的文具用品
選用看得見內容物的半透明設計

一字排開的 4 個小物收納盒（B），用來整理色鉛筆和文具用品的備用品。雖然有決定好各自擺放的位置，但隱約可看見內容物的話，取用也會快速許多！

從餐廳那頭看不見的收納架上
放著各種雜七雜八的文具！

桌子左側收納了全家人會用到的資料和文具用品。那是客人登門拜訪時也很難看見的位置，所以略微凌亂也沒關係。但每樣物品都有確實決定好擺放位置。

家中有 3 個孩子
挑選堅固耐用的無印良品

ayakoteramoto 女士目前照料年紀最大的 10 歲兒子，共 4 位小孩。「老么只有 1 歲！所以我根本無法抽空整理兒童空間，基本上都是交給老大跟老二負責。」

不過她家還能保持井然有序，也要歸功於簡易的整理流程。

「我只有一個原則，就是物歸原處。而且我絕大多數都挑選隨手一扔就能收納完畢的無蓋收納用品。無印良品的收納用品是幼兒也方便拿取的形狀，結構也很堅固，給孩童使用也不太容易損壞，真的很厲害。」

檔案盒是她最愛用的收納用品。「我不但用檔案盒收納玩具和教科書，甚至還放在廚房收納平底鍋的鍋蓋！」

Kids Room
採用無蓋收納盒
玩具隨手扔進去就好

無蓋子相對也減少了整理的步驟，
玩樂和收拾都很順暢。
採用相同形狀的盒子，
就能全面貼合無空隙，
達成空間利用率最大化。

**嬰兒玩具放在最下層，
日後方便小孩能自行取出。**

所有玩具都放在與客廳比鄰的房間的
收納架上。由於 1 歲女兒的玩具最常
拿出來玩，所以特別專門擺放在最下
層。這樣既能預防嬰兒被玩具砸傷，
等女兒再長大一點也能夠自己拿玩具
出來玩。

**尺寸 1/2 的檔案盒
幼童也能輕鬆拿取**

用三個同款的 1/2 檔案盒（**F**）收納 1 歲幼
兒的玩具。由於檔案盒高度低，所以幼童
也能輕鬆拿取。挑選顏色款式相同的檔案
盒，就能維持整體感。

**益智玩具的收納也力求簡便
一個盒子僅收納一種玩具**

用檔案盒草率收納 MAGFORMERS 磁性積
木和 Kapla 積木。同種類的玩具統一放入
一個盒子，整理起來會簡便許多。按照玩
具的數量多寡分別使用寬 10cm（**D**）和寬
15cm（**E**）的檔案盒。

**木質軌道保管在軟式收納箱
可避免刮傷和缺角**

BRIO 軌道和火車放入收納箱（**C**），配置在
右方架子的最下層。挑選隨手扔入也不怕
會刮傷玩具的材質。內裡有表面塗裝，灰
塵髒汙輕輕一抹就消失。

充滿回憶的相簿
擺在隨時能重溫的位置

將年長孩子們唸幼稚園時拍的照片印出，擺在相同相本（G）內保管，就算擺在開放架上也不會給人雜亂的印象。

專用ㄇ字架
提升為兩倍收納力

上層擺放孩子們上補習班時會用到的大背包。下層是ㄇ字板（H）搭配 2 個棉麻聚酯收納箱（C）。像毛巾和泳衣等輕薄的用品，收在淺型收納箱更容易確認。

用自由組合層架
打造孩子們的儲物櫃

擺設在其他房間的自由組合層架，是 2 個 5 層 × 1 列的層架堆疊而成。讓 4 個小孩當成各自的儲物格來使用。就算內容物雜亂，但同款收納箱可以讓視覺經常維持整齊一致。

10 歲和 8 歲孩子喜歡的樂高和 LaQ 積木零件都很小，所以存放在 PP 衣裝盒（I），以免 1 歲的幼兒誤食。設定為整盒拿出來使用的路線。

用衣裝盒
收納小孩的玩具

日益增加的書籍和資料…
活用檔案盒和隔板來整理

由於家中有4個愛看實體書的小孩,所以書本的數量很龐大!
從知識性漫畫到繪本、課本、報紙都有。
在此分享將各式各樣用品整理得方便拿取的必看技巧!

系列套書配置書架隔板

學習漫畫多半會是成套購買。由於小孩經常一次拿好幾本出來看,於是她花了點心思,於套書頭尾配置書架隔板(J)避免書籍傾倒,順便還能替書籍分類,算是一舉兩得。

方便薄頁書分類、拿取
放入直立擺放的檔案盒

函授教學寄來的講義既輕薄又柔軟,必須塞滿才不會東倒西歪。將檔案盒(D、E)直立擺放配置在書架上,就算書本間距太寬鬆也不會歪斜,拿取也方便。

兒童報紙放在廚房
活用縫隙收納

從三年前開始訂閱小學生日報。由於每天都會配送,所以囤積速度很快,所以利用櫥櫃縫隙配置檔案盒(D),讓小孩隨手扔進去,這樣報紙就不會被隨手亂扔在客廳。

ayakoteramoto女士的愛用品清單

I

PP衣裝盒／小（約寬40×深65×高18cm）1,190日圓

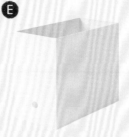

E

聚丙烯檔案盒／標準型／寬／A4用／白灰（約寬15×深32×高24cm）590日圓

A

聚丙烯立式斜口檔案盒／A4／白灰（約寬10×深27.6×高31.8cm）390日圓

J

鋼製書架隔板／中（約寬12×深12×高17.5cm）250日圓

F

聚丙烯檔案盒／標準型／½／白灰（約寬10×深32×高12cm）290日圓

B

聚丙烯小物收納盒／6層／長A4（約長11×寬24.5×高32cm）2,490日圓

G

PP高透明相本／3×5吋／20張用（約寬10.5×深15.6×高0.6cm）150日圓

C

棉麻聚酯收納箱／長方形／小（約寬37×深26×高16cm）690日圓

H

自由組合層架用／ㄇ字板（約寬37.5×深28×高21.5cm）3,490日圓

D

聚丙烯檔案盒／標準型／A4用／白灰（約寬10×深32×高24cm）390日圓

選擇袖珍沙發
會讓客廳更寬敞

她在舊家也是放一張懶骨頭
沙發取代大型沙發。女兒會
在這裡看電視跟打電動。沙
發套要另行購買，能夠替換
也是一大優點。

懶骨頭沙發／本體
（寬65×深65×高
43cm）7,990日圓、
懶骨頭椅套／棉帆布
棕色2,990日圓

無印良品的優點就是
能因應生活型態的變化

マキ女士今年年初就搬到新家。「想讓年紀漸長的女兒們有自己的房間，所以搬到坪數較大的住宅。配合生活型態的變化，隨時重新評估住宅是我家的作風。」

她本身就是無印良品的長期愛用者。「餐桌後方的櫥櫃也是他們家的產品。家中各處也都是無

28

無印良品的用品
即便搬家了，也能再次運用

極簡生活研究家
マキ女士
丈夫、女兒（14歲、9歲）的四人家庭

PROFILE
任職於廣告代理商，同時也在網路上分享只做必要家事，以及只買必要用品的生活心得，著作超過13本。
https://www.econaseikatsu.com

印良品的層架及收納用品。無印良品的優點是能因應生活變化進行靈活運用。」

據稱這次搬家，她雖然有添購無印良品的用品，但舊用品卻連一件都沒淘汰。「過去放在廚房擺餐具的層架，如今放在儲藏室作為書架使用；曾用來放講義的檔案盒現在是資源回收桶。無印良品的家具和收納用品都能活用於許多方面，肯定派得上用場。

他們家的收納用品，無論是設計還是用途都相當簡易，是有小孩的家庭，還有頻繁搬家者的理想選擇。」

Kids Room

使用間隔板會變得賞心悦目！
整理文件、講義&書籍等
交給無印良品。

壓克力間隔板／3間隔（約
寬13.3×深21×高16cm）
1,190日圓

穩定性卓越的
厚重間隔板

用兩款間隔板整理參考書和練習題。低調的
壓克力材質可營造清爽感。不同於他牌輕薄
的廉價間隔板，不太容易傾倒。

壓克力間隔板／3間隔（約
寬26.8×深21×高16cm）
1,490日圓

二女兒的書桌
交由她自行整理

像是文具用品收納箱等，也多半
挑選簡約風格的無印良品。由於
二女兒喜歡自己決定怎麼擺放位
置，所以她不會干涉女兒的整理
方式，或是擅自移動物品。

長期使用的文具
就選無印良品

挑選色彩和設計皆清爽的削鉛筆
機。孩童用品大多為色彩鮮豔和卡
通人物的設計。無印良品的魅力在
於日後，即使孩子長大也能繼續使
用，其他還有鋼製2孔打洞機。

手動削鉛筆機／小（約寬5.5×深10.3×
高10.6cm）590日圓

選用標準型檔案盒
突顯資料的識別度

使用檔案盒劃分桌下的收納空間，
還有整理文件跟講義。由於此處
會被椅子遮住，所以讓書背朝正
面擺放。

聚丙烯檔案盒／標準型
／寬／A4用／白灰（約
寬15×深27.6×高
31.8cm）590日圓

回憶類物品
保管在儲物間

像孩子們的勞作和作文這類會想
珍藏的物品，都集中保管在一個
箱子內。蓋上額外販售的蓋子就
能堆疊擺放為一大優點。回憶類
物品會隨著時間增加，因此索性
買最大的尺寸。

軟質聚乙烯收納盒／深（約寬25.5×
深36×高32cm）990日圓・軟質聚
乙烯收納盒用蓋（寬26×深36.5×高
1.5cm）290日圓

Living Room & Kitchen
生活中的用品
力求精簡。
只要將家具的用途改變
就能永遠愛用它。

將零食區放在
餐廳附近的抽屜

大家通常會把零食存放區設置在廚房，但她選擇擺在櫥櫃抽屜。這樣坐在餐桌前就能直接挑選零食，享受點心時間。這是她考量動線後，認為最有效率的做法。

大人也能使用
的兒童瓷碗

就算身為兒童餐具的任務結束後，也可以當成沙拉碗、湯碗或是小碗等使用於各式各樣的料理上。在走精簡路線的我家，它也是所有餐具中再次運用的頻率偏高的愛用品。

兒童餐具／瓷碗／中（約直徑11cm）各450日圓・兒童餐具／瓷碗／大（約直徑13cm）各550日圓

不同尺寸的照片
放入硬質封面相本

校外教學的紀念照、旅遊照及才藝活動照無法放入 3×5 吋的相本，所以媽媽朋友教我用自黏式內頁類型的相本。可將相片分類成全家福照片和孩子照片等。

硬質封面相本（4×6吋／2段／20頁／米色）990日圓

有些孩子天生就不擅長收納，
別拿姊妹做比較；摸索出適合小孩的收納方式。

マキ女士的女兒們目前是國二生和小四生，性格也南轅北轍。

「二女兒不會排斥整理，不但懂得物歸原位，連細分物品也沒問題。然而大女兒卻很討厭整理，經常把物品扔在地上不管。」

如今回想起來，マキ女士有陣子也對大女兒不肯收拾的行徑很是納悶。「但我覺得那是她的天性，與年齡無關。雖說是姊妹，但拿她們來做比較也很奇怪，想通這點後，我頓時感到如釋重負。」

在那以後，她就開始替大女兒規劃盡量能簡便物歸原位的整理計畫。「對父母來說，細分物品和貼標籤較容易整理，可是對大女兒來說，草率收納物品反而比較輕鬆。如果把物品收起來反而容易找不到，採用隨手丟的收納也可以，雖然看不見內容物比較美觀，但還是優先選擇能辨識內容物的半透明收納盒。採用適合大女兒的整理方式來挑選收納用具。」

家庭衣櫥集中
管理全家人的衣物

將所有衣物集中收納在同處，洗衣動線也會很順暢。以 SUS 不鏽鋼層架為主體，桿架的高度可隨著孩子們的成長進行調整。最上層的軟式收納箱用於存放過季衣物，是本次搬家添購的新品。

用衣櫥層架上的檔案盒存放為數不多的戶外玩具。喜歡看不見內容物的白灰聚丙烯系列收納用品。

聚丙烯檔案盒／標準型／A4用／白灰（約寬10×深32×高24cm）390日圓

棉麻聚酯收納箱／附蓋／L（約寬35×深35×高32cm）1,290日圓

PP手提收納盒／寬／白灰（約寬15×深32×高8cm）990日圓

層架最下層是內衣和襪子的收納空間。搬運箱有提把，方便從架上拿取。不織布分隔袋曾經是放入櫃中分類衣物，現在活用來臨時擺放物品，相當方便。

可調整高度的不織布分隔袋／大／2入（約寬22.5×深32.5×高21cm）990日圓

＼ マキ女士推薦的無印良品收納用品 ／

事先準備好一個大的收納盒，像衣物等隨手一扔就完成收納。很適合喜歡把衣物扔在地板上的小孩。這套收納邏輯也適用於收拾玩具。

軟質聚乙烯收納盒／圓型／深（約直徑36×高32cm）990日圓

用於大女兒房間。半透明的盒身隱約可看見內容物，辨識很方便！能夠依照物品的份量跟尺寸添購相同寬度的收納盒也是一大魅力。

PP追加用收納盒（約寬18×深40×高21cm）790日圓

一級建築師・
室內設計師・生活規劃師

CASE 05 / 大塚彬子女士

兒子（10歲、8歲）的三人家庭

看得見的部分必須重視整體感 同時也融入了室內設計要素

自由組合層架／橡木／2層／基本組
（約寬42×深28.5×高81.5cm）各11,990日圓

整理收納往往由家長負責，
因此以自己方便整理爲優先。

大塚女士擁有多項證照，可說
是居家生活達人。「平易近人的
收納固然重要，但我還是會考量
整體的協調美感，不會有絲毫妥
協。」

例如收納用具一律使用相同尺
寸，單單一個收納箱使用不同材
質來營造跳TONE感；採取展
示部分物品，而不是全部收起來
的收納方式。「雖然收納和協調
美感很難兼顧，但無印良品的收
納用品基本上尺寸都很齊全，所
以能輕易營造出整體感。」

關於收納方面，大塚女士有一
套獨到見解：優先規劃方便父母
收拾的整理計畫，再來思考小孩
的部分。「維持室內整潔對父母
來說也很難做到。而且想維持居
家環境整潔的人也是我，所以應
該以不會造成父母負擔的整理方
法爲優先。」

PROFILE
曾任訂製住宅的設計師，經營提
供室內設計和公寓大樓翻新等服
務的「ieアイエ」公司，目前仍
活躍於業界。
https://akikomaeda.com

Kids Space
配合孩子的成長選購
可分開或組合使用的家具

雖然目前兄弟倆的共用空間依然寬敞，
但總有一天會分區使用。
因此捨棄大型家具，改放三個雙層組合架，
以便日後分區也能自由運用。

遮住鮮明誇張漫畫書。採用從上面就能看到書背的收納方式

漫畫書直接擺放在架上不僅影響美觀，其高度也會導致收納格上方的空間被浪費掉，
所以選擇把漫畫書的書背朝上放入椰纖編籃（A）。同時也刻意挑選有深度的籃子，方
便挪動到書架前面使用。

以深色收納用具展示
為公仔模型締造調和之美

將五顏六色的玩具放在白色或半透明收納箱上，
看起來更顯得雜亂。換成深色抽屜式紙箱（B）
就能收斂整體的視覺印象！箱內則是收納文具
用品。

設置間隔板
增加書籍的收取空間

藤編籃（C）搭配壓克力間隔板（D）來區隔書
籍。這種間隔的寬度，能為書籍劃分出方便抽
取、不易傾倒且好拿易放的多餘空間，可說是
便利好物。

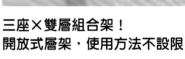

三座×雙層組合架！
開放式層架，使用方法不設限

用來收納像漫畫和雜七雜八的玩具。
打算配合小孩的成長更換抽屜和收納
箱。至於左上格決定什麼都不放，享
受留白的韻味。

壁櫥內配置衣裝盒
實現零浪費的空間美學

為了最大限度地運用壁櫥深處的空間，所以依序配置了衣裝盒／大（E）三個。主要用來收納玩具類，右上格預定存放學期末會帶回家的學習用品，平常則是淨空。

LaQ收納在最下層，打造輕鬆的
「拉出抽屜→遊玩→收拾」整理計畫。

選擇在這裡擺放像樂高、LaQ等零件很多的積木玩具，是為了讓小孩能直接拉出來玩。想玩時不必花工夫移動，玩完後把抽屜推回原位就好。

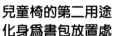

連大型桌遊
都裝得下的衣裝盒

大型盒裝玩具的收納經常讓人傷透腦筋。兼具高度和深度的衣裝盒是最佳歸屬。等玩具數量減少後，預定轉去收納孩子們的過季衣物。

兒童椅的第二用途
化身爲書包放置處

昔日擺在餐廳的兒童椅，如今用來擺放兄弟各自的書包。踏板部分放上軟式收納箱（F），讓孩子們能隨手擺放才藝袋。

因為小孩在客廳念書
物品少就能集中收納

我的孩子們至今依然在餐桌上寫功課,所以僅限廚房
櫥櫃的壁龕保有居家佈置的美感,桌面就是保持清
爽。用心營造讓小孩專注不分心的念書環境。

Living & Dining Room
即使小孩在客廳學習
居家環境依然很整齊,
秘訣在於善用收納箱!

客廳的空間規劃,我會盡量以美觀作為優先考量。
話雖如此,也不能忽略孩子們使用日用品的方便性!
於是我規定日用品只能放入收納箱,這樣物品不會散落在客廳各處。

只要打開櫃門一個動作
就能直接拿取物品!

為孩子們安排一個擺放各自學習教材
和字典的收納區,使用直立擺放間隔
板(H)來整理。由於講義容易囤積
也不太會複習,所以幾乎也不會放在
這裡。任意組合抽屜整理盒(I、J)
的分隔板,收納文具跟日常用品,利
用整理盒的分格斜放物品。

每日回家作業&
筆記用品收入紙盒中!

紙盒(G)擺在桌面當成收納箱,這樣物品就
能輕而易舉地就近收納!客人登門拜訪時,蓋
上平時疊在紙盒下面的盒蓋,就能遮掩內容物。

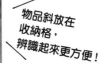

物品斜放在
收納格,
辨識起來更方便!

Wash Room

洗臉後直接換衣服！
打造符合家人生活動線
順手又方便的收納專區。

孩子們的衣物和內衣褲統一放在洗臉台和走廊之間的
收納專區。規劃方便小孩做出門前準備的整理計畫。
由於洗衣機在附近，所以三兩下就能把洗好烘乾的衣
物放回原位！進而縮短做家務的時間。

洗好的衣物隨手扔入箱中
節省折衣服的時間

軟式收納箱（F）分別收納上身跟
下身衣服。從烘乾機拿出來的外衣
直接扔入箱內。反正眼不見為淨，
而且孩子們很快又要換穿，所以草
率收納就好。

貼身衣物擺在同個收納箱
就能一次拿取所需衣物。

為編藍（A）的衣物做簡單的分類
後，就能一次拿取所需衣物的整理
計畫。堅硬的椰纖編藍拉出來後會
卡住層架，所以手稍微放開也沒關
係。

將收納箱配置在
方便孩子們拿取的高度

房屋翻新時採用可調式置物架，這樣
就能依照收納箱的尺寸和使用便利
性調整層架的位置。收納箱設置在孩
子們易拿易放的位置。

＼ 如何收納電玩類用品＆遊戲片呢？ ／

配置在客廳的轉角
使用能搭配遊戲機顏色的收納箱

雖然將電玩類用品放入紙箱（G）擺在客廳櫃
子上，但那裡是從餐廳看過去，會被牆壁擋住
的視線死角。寶可夢遊戲片則立放在整理盒
（J）中分類，由於放在抽屜裡，就能巧妙地
隱藏遊戲片的顏色跟設計。

大塚女士的愛用品清單

PP抽屜整理盒（1）（約寬10×深10×高4cm）120日圓

PP抽屜整理盒（2）（約寬10×深20×高4cm）190日圓

PP衣裝盒／抽屜式／大（約寬40×深65×高24cm）1,490日圓

棉麻聚酯收納箱／方形／小（約寬35×深35×高16cm）890日圓

紙盒／A4／深灰色（約寬33.8×深25.5×高7.75cm）690日圓

壓克力間隔板／3間隔（約寬13.3×深21×高16cm）1,190日圓

可堆疊椰纖編／方形籃／中（約寬35×深37×高16cm）1,390日圓

紙箱／抽屜式／橫式／2段（約寬37×深26×高16cm）990日圓

可堆疊藤編／方形籃／大（約寬35×深36×高24cm）3,990日圓

壓克力間隔板／3間隔（約寬26.8×深21×高16cm）1,490日圓

CASE
06

整理收納顧問
金內朋子女士

丈夫、兒子（19歲、17歲、13歲）、
女兒（9歲）的六人家庭

基底簡單就好。
增添色彩打造
孩子們喜歡的空間

無垢材書桌／附抽屜／橡木（約寬110×深55×高70cm）24,900
日圓・無垢材資料櫃／兩段抽屜／橡木（約寬41.5×深40×高
58cm）14,900日圓・橡木書桌用桌上置物架（約寬108×深20×
高30.5cm）5,990日圓

PROFILE
經營提供整理收納服務的「heya-
koto」。以「從被迫整理的人生，
轉變為能掌控整理的人生」為座
右銘從事相關活動。
https://heya-koto.com

Kids Space
挑選符合和室氛圍的
家具和收納用品

與客廳比鄰的和室是女兒的空間。
由於想呈現溫暖的木頭色調和質感，
所以家具以橡木為中心。
重點在於刻意壓低家具的高度，
以營造毫無壓迫感的寬敞空間為優先。

整理盒劃分抽屜內部空間
就能約略、草率地收納物品

整理盒系列剛好符合抽屜的寬度和高度。範例圖片是整理盒2（**A**）和整理盒3（**B**）搭配使用。劃分區域替物品決定收納位置，抽屜內用品也會一目了然，就算隨手將物品扔進抽屜，也能自然而然地歸位。

挑選簡約風格的書桌！
未來也能再次運用

書桌和資料櫃都是近期購買的產品。當初看中的是附抽屜的機能性，還有小孩長大後也能繼續使用的耐看設計，桌上置物架和椅子也都是無印良品。

壓克力間隔板的
寬度連字典都放得下

壓克力間隔板（**C**）設置在桌面置物架的教科書專區。總共有2種尺寸，間隔較寬的間隔板放入偏厚的字典也能順暢抽取，完全不會擁擠。由於是透明材質，從側面看過去每本書都能一目了然。

外出用品配置在
不用移動就能拿取的位置

桌子旁邊的櫃子主要用來收納換穿衣物、手帕和便當袋。用意在於孩子不必移動就能把外出用品放入書包。然後DIY替抽屜塗油漆跟更換手把。

將同尺寸的收納用品
整齊排列就會賞心悅目

金內女士經常用無印良品的商品替顧客進行居家整理服務。最大的重點在於收納用品的模組化。「寬度和深度基本上都一樣，才能呈現直線的排列組合。無論是規劃家具還是收納用品，我都很重視沒有凹凸的直線排列組合，所以我非常仰賴無印良品。」

她認為兒童區域的收拾工作，不能由父母一手做決定，「小孩本身也要有想整理的意願，因此讓他們獲得整理完畢的滿足感很重要，打從小孩滿五歲起，我就會邊問他想怎麼做，邊與他一起動手整理。」

可堆疊收納！

為了方便拿取和歸位
只有最上層是小尺寸

椰纖編籃（D）的深度和椰纖編籃（E）的寬度都是 26cm，所以能夠直接堆疊。刻意將較小尺寸的椰纖編籃，安排在頂層，這樣一來無論拿取、歸位都很方便。

大略分類玩具
再收納入籃中就OK！

椰纖系列放在玩具收納架上。挑選適合木頭質感的素材。椰纖系列的價格比同樣具有天然韻味藤編系列更平易近人，能夠方便一次買齊這點也深得我心。

以收納箱做區隔
直立擺放就能劃分空間

像繪圖用品、平板幼教玩具都仿照書本採取直立收納。檔案箱（F、G）直立擺放，物品就不容易傾倒。等小孩再長大一點，也可以轉用來擺放講義跟參考書。

文具用品和文件
擺放在桌後方隨時待命

這是不用離開桌子半步,就能拿到必要用品的輕鬆動線。上層抽屜內放經常使用的文具等用品,文件則是放在抽屜左側的收納空間,在客廳會用到的物品則放在右側。

Living & Dining Room
全家人都會用到的物品才可放入客廳櫃中,堅持不放兒童用品。

想把客廳營造成全家人放鬆休息的地方!
包含女兒在內的四個小孩的私人用品一律不准放在客廳。
可以帶私人用品到客廳來,但最後都要帶回自己房間。
全家共用的物品都會收納在櫃中,維持環境整潔。

體溫計和筆會一起使用
所以採取配套收納。

為了讓每天早上例行公事量體溫能一氣呵成,故採取裸收納,使用牙刷架(I)直立擺放節省空間。為了讓孩子把寫好的體溫測量表帶去學校,所以跟筆放在一起。印章也同樣用牙刷架(J)收納。

居家佈置專區僅限牆壁

壁掛家具(H)配置在客廳展示區。雖然孩子成長到一定歲數後,居家佈置的機會也會變多,但在孩子年幼時,還是把家飾雜貨放在他們拿不到的地方比較安心。

Wash Room
將檔案盒直立收納毛巾
依照顏色區分一看即知

捨棄堆疊收納,改採直立收納,
靈活運用層架深處的每一吋空間。
毛巾則選擇各自喜歡的顏色就會一目了然。

檔案盒的寬度
剛好符合洗臉毛巾大小

用寬版檔案盒(F)直立擺放物品,大大提升
了取用的便利性。可將整個檔案盒當成抽屜
拉出來使用,衣架也一樣斜立收納於檔案盒。

聚丙烯立式
斜口檔案盒
也能活用於壁櫥內!

面向客廳與和室的步入式收納間。將孩子們
的相關資料都用同系列的立式檔案盒(K)收
納。由於是平常看不見的地方,所以把檔案
盒的方向轉為方便尋找文件的那一面。

該如何收納電玩類用品呢?

集中收納
在同一個收納盒內!

只有么女會用客廳的電視打電動,由於數量不
多,所以緊湊收納於可堆疊藤編籃(L)。至於
兒子們的電玩類用品,則是分別放在自己房間
內各自管理。

44

金內女士的愛用品清單

I

白磁牙刷架／1支用／藍色（約直徑4×高3cm）290日圓

J

白磁牙刷架／1支用（約直徑4×高3cm）250日圓

K

聚丙烯立式斜口檔案盒／寬／A4／白灰（約寬15×深27.6×高31.8cm）590日圓

L

可堆疊藤編／可手提藤籃（約寬15×深22×高9cm）1,290日圓

E

可堆疊椰纖編／長方形籃（約寬26×深18.5×高12cm）750日圓

F

聚丙烯檔案盒／標準型／寬版／A4用／白灰（約寬15×深32×高24cm）590日圓

G

聚丙烯檔案盒／標準型／A4用／白灰（約寬10×深32×高24cm）390日圓

H

壁掛家具／L型棚板44cm／橡木（約寬44×深12×高10cm）1,990日圓

A

PP整理盒（2）（約寬8.5×深25.5×高5cm）150日圓

B

PP整理盒（3）（約寬17×深25.5×高5cm）190日圓

C

壓克力間隔板／3間隔（約寬26.8×深21×高16cm）1,490日圓

D

可堆疊椰纖編／長方形籃／小（約寬37×深26×高12cm）990日圓

CASE 07／整理物品和思維的顧問

まどなお女士

丈夫、女兒（10歲、7歲）的四人家庭

替所有物品決定位置
常找東西的孩子也會成為懂得收拾的孩子

PROFILE

整理收納顧問，以方眼筆記培訓師的身分從事相關活動。向媽媽們提出整理規劃和輕鬆育兒的思考整理術。

https://itsudemo-home.blog.jp

自由組合層架組・5層×2列・橡木（寬82×深28.5×高200cm）29,900日圓・自由組合層架／橡木／3層／追加用（寬40×深28.5×高121cm）13,900日圓。

透過無印良品的收納用品
家規：保留能裝入的數量

まどなお女士每天都在思考該如何輕鬆過生活。「全家人都要貫徹『物歸原處』的規則。至於孩子的收納規劃，以他們認為方便整理為優先考量，但我同樣希望他們控制物品的數量。不管再怎麼整理，若物品數量不斷增加，最後只會塞滿家中，陷入惡性循環。所以我叮嚀女兒們，只保留收納箱跟抽屜裝得下的數量。」

此外，無印良品的收納系列，幾乎都是能夠配合小孩成長長久使用的優質好物。「整理不單只是收起物品，應該要先釐清自己的價值觀，弄清楚什麼對於現在的自己才重要，進而做出選擇。所以我傾向讓孩子們自行思考，分辨手邊物品是需要還是不需要。」

將服裝事先配套，收納在此區

Kids Space
從嬰兒時期開始就長期愛用，還可添購追加層架。

兒童房後面的層架，起初只購買5層×2列，
伴隨孩子們的成長添購了三層的追加層架。
由於直向橫向擺放皆可，
所以能配合物品自由搭配組合。

擺在客廳與和室交界處的層架，用來給孩子們做出門的準備。最上層有一半的空間都採用裸收納。穿衣褲、穿襪和戴口罩都是外出的例行公事。先將外出用品配套收納，出門就不會手忙腳亂。

＼ 好收易拿的開放式收納！ ／

中間層配置軟式收納箱（**A**）收納體操服和口罩。下層的藤編盒（**B**）收納手帕和隨身包，以伸手即可拿取，還有拉出來就能找到想要物品為優先，所以兩者皆是無蓋款。

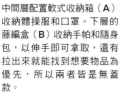

五顏六色的水壺背袋則擺在不明顯的位置

層架配置 S 型掛鉤（**C**），為水壺背袋固定位置。考量到孩子做出門前準備的生活動線，這裡是最方便的地方，同時也是客廳的視線死角，還能減輕雜亂感。

與客廳比鄰的和室 · 兼顧生活機能「外出前的準備工作」和「遊戲室」

創造出兒童的獨立空間，客廳就能保持整潔。為了加大空間所以拆下拉門。外面的層架分類收納要帶去學校的用品，像是手帕、面紙等。

從放置繪本・玩具
進化成收納學習用品

幼稚園時期的自由組合層架上堆滿了繪本和玩具。如今增加了文具和學習用品，只要改變內部物品，家具就能長久使用下去。

零碎小物收入淺櫃內
清楚可見更容易找到

組合收納櫃（F）的內容物會隨時因應當下需求進行改變，因此長期愛用中。目前用來收納文具用品、卡牌遊戲及信紙等。抽屜還能當成整理托盤使用，相當方便！

善用抽屜式收納盒
就能充分運用收納空間

收納盒（D）集中收納著大女兒函授教育的相關用品。採用抽屜式收納盒，盒子上面也能擺放物品。在其他場所也會活用自由層架專用的ㄇ字板（E）。

書包擺在孩子的及腰處
也能避免散落在地上

兩層的自由組合層架（G）是兩個女兒放書包的地方。這是孩子們能夠輕鬆卸下和背起書包的高度。正下方則擺放教科書等學習用品，方便她們為隔天上學做準備。

拉開抽屜就能一口氣確認完畢！
讓孩子自行完成每天早上的量體溫

用 PP 抽屜整理盒 2（H）和 3（I）替大抽屜區分空間，搭配使用的寬度剛好符合抽屜！體溫計也放在這裡，讓孩子們自行測量。

Living Room

客廳清爽整齊
維持秘訣就是
單一動作完成收納！

全家人都會用到的物品收納在客廳。
像體溫計和資料等物品，只要打開櫃門就能看到！
盡量選用無蓋的開放式收納用品。

色彩美麗齊全的色鉛筆
增添了繪畫的樂趣。

色鉛筆（J）是孩子從小用到大的用品。有許多像「哈密瓜色」等漂亮的顏色。原本放在筆筒中，當筆變短後就改換放入 Seria 的筆架內使用。

病歷相關證明文件一起收入
網格收納袋，就不怕忘記帶。

將掛號證和用藥手冊集中收納在袋內（K）。把每個人的病歷資料分別裝袋就不會搞混，固定放在電視櫃的抽屜裡。

Kitchen
活用兩款尺寸的檔案盒
就能締造灰姑娘奇蹟！

位在高處難以使用的廚房吊櫃裡面
整齊排列著檔案盒，藉此締造「倉庫風」。
下層則收納季節性用品和備用品。
用手指一勾就能拉出檔案盒，相當方便！

水壺立放節省空間。
用隔書架來劃分區域

檔案盒（L）的寬度剛好適合收納孩
子們的水壺。放入隔書架避免內容物
減少會傾倒。隔書架的底部以抗震凝
膠加以固定。

＼ 讓育兒&家務更輕鬆！ 無印良品用品的活用技巧 ／

看得見「藥物」很重要！
做出門前準備時，就記得吃藥

吃藥期間用不鏽鋼絲夾（O）把藥袋
吊在層架上是我家的家規。雖然在客
廳就能看到，但預防孩子忘記吃藥比
較重要。

細衣架很適合用來
晾乾口罩

鋁製衣架（M）是室內晾衣物的好物。
直線型衣架就算掛在牆邊也不會擋
路。除了口罩以外，有時也會用兩個
衣架來晾褲子。

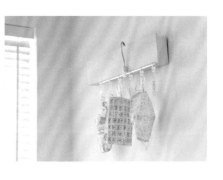

迷你掃帚始終放在樓梯口
孩子們也能幫忙打掃

桌上型掃帚（N）掛在樓梯扶手，上
下樓梯時孩子們也能幫忙打掃。雖然
是桌上型掃帚，但也很適合給孩子們
隨手清掃。木質小物即使露出來也賞
心悅目！

まどなお女士的愛用品清單

M 鋁製直線衣架／6夾（約寬35cm）490日圓

I PP抽屜整理盒（3）（約寬6.7×深20×高4cm）150日圓

E 自由組合層架用／ㄇ字板（約寬37.5×深28×高21.5cm）3,490日圓

A 棉麻聚酯收納箱／長方形／小（約寬37×深26×高16cm）690日圓

N 木製桌上型掃帚（約寬23×深1×高7cm）790日圓

J 紙筒裝繪圖色鉛筆／36色 1,190日圓

F 橡木組合收納櫃／抽屜／4段（約寬37×深28×高37cm）5,990日圓

B 可堆疊藤編／長方盒／中（約寬36×深26×高16cm）2,290日圓

O 不鏽鋼絲夾／掛鉤式／4入（約寬2×深5.5×高9.5cm）390日圓

K 尼龍網眼筆袋／附袋／B6／灰 450日圓

G 自由組合層架／橡木／2層／基本組（約寬42×深28.5×高81.5cm）11,900日圓

C 掛鉤／防橫搖型／小／2入（約5×1×9.5cm）350日圓

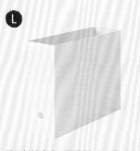

L 聚丙烯檔案盒／標準型／A4用／白灰（約寬10×深32×高24cm）390日圓

H PP抽屜整理盒（2）（約寬10×深20×高4cm）190日圓

D PP資料盒／橫式／薄型（約寬37×深26×高12cm）990日圓

4 步驟

小孩能自行管理物品和幫忙整理，會大大減輕爸媽的負擔。但千萬別突然把這個難題丟給他們。整理收納專家將傳授各位父母，使孩子循序漸進成為「整理小幫手」的秘訣。

整理收納顧問
taka女士

有從高一生到小六生的三名子女，會定期舉辦適合親子整理諮詢服務。
Instagram：@ taka.5.home

設定物品的固定位置
孩子也能自行整理！

物歸原處（固定位置）是taka女士對於整理的定義。「在家中有很多都是家中物品沒有設定固定位置所致。小孩不曉得物品該放回哪裡，自然就不會整理。」

此外，讓小孩對於整理抱持正面心態也很重要。「對於凌亂的環境而感到焦躁的只有父母。我

想父母多多少少也是基於對孩子的愛之深和責之切。但小孩可能只是因為看到父母生氣，在無奈之下才動手整理。親子共享動手整理的樂趣，對小孩而言是很愉快的經驗。請父母用積極正面的心態提醒小孩整理，並引導他們體驗整理的樂趣。」

有了固定位置
減少花時間找東找西！

培養主動小幫手！ 親子攜手整理的

檢視孩子的
空間和生活動線

小孩在哪裡會做什麼？
將收納空間規劃在
起居場所附近

規劃收納的第一步，就是替兒童用品設定收納空間。「先確認孩子們的起居場所，還有日常生活的動線吧。收納空間要盡量規劃在玩樂和學習場所的附近。就算家中有充裕的收納空間，若是離孩子們的生活動線太遠，他們就會懶得整理。孩子們雖然會為了玩樂大老遠跑去拿玩具，卻無法理解整理的意義何在。」

< 檢查重點 >

國小生
- ☑ 回家做的第一件事是什麼？
- ☑ 在哪裡念書？
- ☑ 在哪裡換衣服？
- ☑ 在自己房間（兒童空間）會做什麼？

學齡前兒童
- ☑ 遊戲場所在哪裡？
- ☑ 在遊戲場所玩什麼？
- ☑ 在哪裡換衣服？
- ☑ 老是沒收的物品是哪些？

孩子的物品
分門分類

分類：「正在使用」
及「保存在別處」物品

劃分好兒童空間後，接著決定該空間要收納哪些物品。「此一步驟的重點是以使用與否為基準分類物品，而不是需要與否。兒童通常很排斥捨棄物品，所以爸媽得謹慎選擇用詞，像是『這裡東西太多了，我們把現在常用的東西放在這裡，剩下的移到別的地方去』。但是存放空間也有限，所以必須設定物品的數量，訂立出當物品太多時，就得重新檢視的規則。」

依照目的性、遊戲場所與類型，進一步做細分
還會使用的玩具，依照「闔家同樂」、「同類型」等項目進行分類。爸媽可以在孩子拿起玩具開始玩時，趁機問小孩：「這要怎麼處理？」來引導他們做決定。

區分正在使用及沒在使用的物品
當面跟小孩逐一確認玩具的使用頻率。面對孩子表示可以淘汰的玩具，爸媽也要尊重他的意思和決定。

拿出收納箱中所有玩具
確認全體數量很重要。挑選前先把玩具統統拿出來吧，還能順便清理箱底，可說是一舉兩得！

好收易拿的收納法

收納步驟越少越好
讓孩子自行選擇也很棒

終於進入收納階段。「規劃時得留意讓小孩也好收易拿。收納方式也可依照孩子的性格做彈性調整。以書包為例，爸媽可以提供小孩幾個具體收納方案『你喜歡把書包掛著還是擺著？』，然後給他們自己決定。」

配合孩子身高設置掛鉤

用掛鉤進行懸掛式收納是最簡單的做法。最適合收納做出門前準備時會用到的包包、帽子跟外套等。重點在於掛鉤要設置在孩子伸手可及之處，也就是眼睛到腰部之間的範圍。

採用無蓋的
開放式收納

收納箱要盡量避免堆疊，能直接取放物品是最輕鬆的做法。像是拉開櫃門、打開箱蓋等取放動作數越多，孩子懶得整理的機率也越大。收納盒上方稍微預留點空間，這樣孩子也會願意將物品扔回原處。

在收納場所&
收納箱貼上標籤

透過視覺資訊教導識字的孩子物品的收納位置，收納就會輕鬆許多。學齡前孩童可以改用插圖來提示。收納箱兩側貼上標籤後，就能任意改變方向和恢復原狀，使用起來也更方便。

不必過度細分物品
粗略分類也OK

用很多分隔板把物品逐一排列整齊的收納方式很花時間，雖然在孩子本身也有意願這樣做的情況下可以嘗試，但基本上粗略收納孩子較容易持之以恆。

同時使用的物品
一同配套收納吧

像家家酒、廚房玩具、森林家族的人偶和交通工具等會同時拿出來玩的玩具，就集中收納在同個收納箱，整理起來會更輕鬆。若使用好幾組層架，則建議把重物配置在下層。

STEP 4
發出邀請，與孩子一起整理

開口邀請孩子
一起整理的建議說法

「我們來讓熊寶寶回家吧」
「媽媽來收積木，繪本就交給你了」
「來比賽誰整理得比較快，預備
　──開始！」
「整理這個房間要花多少時間呢？
　我們來做看看！」

賦予孩子任務
整理時的建議說法

「七點前把桌子淨空吧」
「如果你肯動手整理，就給你吃點
　心」
「媽媽工作很辛苦，你幫忙一下吧」
「自己動手整理，就是幫了媽媽大
　忙」
「你覺得幾點可以整理完畢？」

NG的說法

✕「快去整理！」
✕「你自己就能整理吧？」
✕「你為什麼做不到？」
✕「你總是這樣」

傳達共同整理的想法
逐步引起孩子的共鳴

　為消除孩子對於整理的厭惡感和義務感，爸媽必須用積極態度邀請他們。「聚焦於小孩辦不到及希望他們去做的部分只會造成反效果。就算是國小高年級生，要沒經歷過這些步驟的孩子突然變得很會整理是不可能的。爸媽在主導收納規劃的同時，不妨試著說些像是『我們來整理吧』等會引發孩子共鳴的話語。遇到孩子想自己做決定的情況，就交給他們處理；等他們能自行思考後，爸媽就能逐步放手。發現孩子學會收納後，請立刻給予稱讚或是說聲謝謝。」

客廳・兒童空間・廚房・
櫥櫃・盥洗室・玄關

居家空間的
清爽收納創意

收納箱搭配收納櫃
遮住五顏六色的玩具

mujibiyori女士@mujibiyori

客廳擺放常用玩具。由於組合層架是開放式,只要活用收納箱就能輕易存放顏色和形狀都五花八門的玩具,相當方便。

自由組合層架／橡木／2層／基本組(約寬42×深28.5×高81.5cm)11,990日圓・自由組合層架／橡木／2層／追加用(寬40×深28.5×高81.5cm)10,900日圓・橡木組合收納櫃／抽屜／2段(寬37×深28×高37cm)4,990日圓

棉麻聚酯收納箱／長方形／大(約寬37×深26×高34cm)990日圓

可堆疊藤編／長方盒／中／附蓋(約寬26×深18×高16cm)1,990日圓

\ 照顧寶寶
也在這裡! /

\ 尿布類
放入收納櫃 /

為了能快速使用尿布和保濕乳液,所以放入收納櫃。這種沙發很適合餵奶的時候使用!沙發本體會配合體格改變形狀,所以方便做出餵奶的姿勢。

懶骨頭沙發／本體(寬65×深65×高43cm)7,990日圓、懶骨頭椅套／棉丹寧直紋4,990日圓

將孩子的必需品
集中收納在客廳

すず女士 @ suzu_home0612

出類拔萃
的收納力

深型抽屜收納像是繪畫用品等偶爾才會拿出來用的學習用品。抽屜上的軟質收納盒則用來暫時存放物品，像週末帶回家的用具等。

善用分格功能
跟凌亂說bye-bye

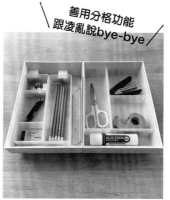

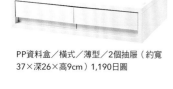

PP資料盒／橫式／薄型／2個抽屜（約寬37×深26×高9cm）1,190日圓

像文具等孩子每天念書都會用到的物品，必須集中收納在客廳中，孩子身高容易拿取的位置。掃把畚箕也懸吊在牆上，讓孩子養成學習完後順手清潔桌面的習慣。

樓梯下方收納
純屬兒童空間！

小池百々子女士 @ mocco_photo

圓角的設計
令人安心！

關上櫃門就能眼不見為淨，所以用來收納雜七雜八的物品。軟質收納盒重量輕，兒童也能輕鬆搬運。聚酯收納箱蓋上盒蓋，就能避免小小孩誤食。

3　　　　2　　　　1

1. 軟質聚乙烯收納盒／大（約寬 25.5× 深 36× 高 24cm）790日圓
2. 軟質聚乙烯收納盒／半・大（約寬 18× 深 25.5× 高 24cm）590 日圓
3. 棉麻聚酯收納箱／長方形／半・小（約寬 18.5× 深 26× 高 16cm）590 日圓

搭配整理盒
收納生活雜物

(chika女士 @ tchm.k__home)

抽屜內
井然有序！

3　　　2　　　1

1. PP抽屜整理盒（1）（約寬10×深10×高4cm）120日圓
2. PP抽屜整理盒（2）（約寬10×深20×高4cm）190日圓
3. PP抽屜整理盒（4）（約寬13.4×深20×高4cm）190日圓

客廳的櫃子中收納指甲刀、乳液、髮圈等小物。在抽屜內配置整理盒。可動式的分隔板能依照物品大小自行分隔空間，所以很適合用來分類雜物。

擺設家飾雜貨
在孩子拿不到的高度

(うに　北欧雑貨と平屋暮らし。女士 @ uni_noie)

客廳是能夠享受居家美學的重要空間。在孩子拿不到的高度安裝壁掛家具棚板。只有這個空間才能自由擺放療癒小物！

壁掛家具／L型棚板44cm／橡木（約寬44×深12×高10cm）1,990日圓

單一衛生用品放單一抽屜
也能使兒童容易記住

(Nagisa女士 @ harysworks)

為了讓孩子能自行取放物品，所以把指甲刀和OK繃各自收納在小抽屜。這樣孩子就不會成天問東西放哪裡，大大減輕了父母的負擔。

木製小物收納盒／6層（約寬8.4×深17×高25.2cm）2,990日圓

自由組合層架的高度
剛好在孩子的視線範圍內！

うに 北歐雜貨と平屋暮らし。女士 @ uni_noie

> 放入長鐵軌
> 也綽綽有餘！

棉麻聚酯收納箱／
長方形／大（約寬
37×深26×高
34cm）990日圓

3段×2列的層架橫向擺放的高度為
82cm。學齡前兒童也能拿得到層架
頂端的物品。下層配置開放式的軟質
收納盒，規劃成拉出來扔進去的隨手
整理計畫。

卡片&桌遊收入抽屜
眼不見心不亂

yui女士 @ yu.i_home

以往擺在客廳的抽屜
式收納盒改放在兒童
房間，用來分類收納黑
白棋和牌卡遊戲、函授
教育的附錄等物品。抽
屜面板貼上白紙，將雜
亂統統關起來。

> 減輕
> 視覺壓力

PP資料盒／橫式／深型
（約寬37×深26×高
17.5cm）1,090日圓

PP 資料盒／橫式／薄型
／2 個抽屜（約寬37×
深 26× 高 9cm）1,190
日圓

兒童房間五顏六色也沒問題！
用淺色層架和收納箱締造整體感

mujibiyori女士@mujibiyori

層板
可以移動

就算放積木也不怕會太重的超輕量聚乙烯收納盒超好用。使用有豐富的配件及能自由改裝的不鏽鋼層架，自行增加層板也可以。

像這樣
放入積木

3　　2　　1

1.軟質聚乙烯收納盒／大（約寬25.5×深36×高24cm）790日圓
2.軟質聚乙烯收納盒用蓋（寬26×深36.5×高1.5cm）290日圓
3.可堆疊藤編／長方形籃／中（約寬36×深26×高16cm）2,290日圓

牆面設置展示架。
就不會壓迫到桌面的念書空間

Nagisa女士 @ harysworks

安裝在桌前牆面的壁掛家具是擺放療癒小物的空間。既能養成孩子嚴選物品的習慣，桌子也不會亂七八糟。玩具類放入抽屜式收納盒進行粗略式收納。

木櫃則是
購物專區

PP資料盒／橫式／薄型／白灰（約寬37×深26×高9cm）890日圓

胡桃木組合收納櫃／抽屜／2段（寬37×深28×高37cm）5,990日圓

會頻繁使用水壺＆便當的期間
利用置物籃收納於轉角櫃上

ムジッコりえ女士 @ mujikko_rie

由於頻頻取放很麻煩，所以在暑假等經常會用
到的時期，索性將整個收納籃放在轉角櫃上。
用藤編籃收納就會很美觀。用不到的時候，也
能輕易拿去別的地方再次運用。

遇到長假時
就直接擺出來

可堆疊藤編／長方形籃
／中（約寬36×深
26×高16cm）2,290
日圓

庫存用品　　　＼ 每樣物品都細分整理 ／　　　便當的配件小物

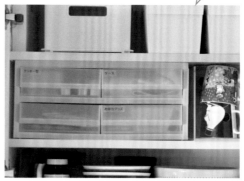

其他廚房調理小用品和消耗品，都用化妝盒進
行粗略分類。因為無印良品的產品可組合成符
合層架的寬度，所以在家中多處愛用中。

像是便當小叉子和壽司葉等小配件用抽屜式收
納盒收納。使用淺型抽屜物品就不會堆疊，只
要拉出抽屜內容物一看即知。

PP化妝盒（約寬
15×深22×高
16.9cm）250日
圓。

PP資料盒／橫式
／薄型／2個抽屜
（約寬37×深26×
高9cm）1,190日圓

能調整高度的不織布收納盒
很適合收納便當！

Ayaka女士@ks._.myhome

\便當盒
直立收納／

\布類也能
收納整齊／

\餐具組
放入筆筒／

不織布收納盒的寬度不但能完美放入廚房抽屜，更方便的是還能反摺成便當盒的高度。像是餐墊等便當周邊用品則用化妝盒來整理。

PP化妝盒／刷具、化妝筆筒（約寬7.1×深7.1×高10.3cm）100日圓

PP化妝盒1／4橫型（約寬15×深11×高4.5cm）100日圓

可調整高度的不織布分隔袋／中／2入（約寬15×深32.5×高21cm）790日圓

用 1／2 檔案盒收納
孩子們喜歡的拌飯香鬆

広田なつき女士 @ relaxathome01

\瓦斯爐下方
是指定席！／

瓦斯爐下方用檔案盒分類管理物品。就算把½檔案盒整個拿出來擺在餐桌上也不會占空間。拌飯香鬆則是配置在好拿易取的餐廳旁邊。

聚丙烯檔案盒／標準型／½／白灰（約寬10×深32×高12cm）290日圓

兒童用餐具系列的尺寸
從副食品時期就能使用！

mujibiyori女士@mujibiyori

我很喜歡小孩長大後還能繼續使用的簡約感。木湯匙擁有溫潤口感。雖然是用杓置碗當作副食品碗，但它能輕易舀起黏稠的副食品，所以持續愛用中。

兒童餐具／瓷碗／小（約直徑9.5×高5cm）350日圓、兒童餐具／瓷碟／大（約直徑16×高3.2cm）550日圓・兒童餐具／兒童櫸木餐匙（約長14×最大寬度約3cm）690日圓・米白瓷置杓碗（約直徑10.5×高4cm）490日圓

帽子等小配件收納在軟質聚乙烯收納盒。因為附有盒蓋，存放時就完全不用擔心灰塵跑入或是衣物變形。

軟質聚乙烯收納盒用蓋（寬26×深36.5×高1.5cm）290日圓

軟質聚乙烯收納盒／中（約寬25.5×深36×高16cm）590日圓

寬鬆收納看起來就會整潔清爽！分類成當季與過季衣物

風間美和女士 @ casa__mk

＼過季衣物統一收納一個收納箱／

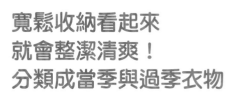

所有過季衣物都裝入耐壓收納箱。由於容量大，用1個收納箱就能完成衣物換季，省事許多！

耐壓收納箱／大／50L（約寬60×深39×高37cm）1,990日圓
＊實際範例使用舊款

兒童衣櫥要避免擁擠，最好有寬鬆空間方便孩子自行拿取。把當季正在穿的衣服收在最方便拿取的收納盒內。

＼並排成2列後排也看得清楚／

PP衣裝盒／橫式／大（約寬34×深44.5×高24cm）1,190日圓

PP衣裝盒／橫式／小（約寬34×深44.5×高18cm）990日圓

現在穿的衣服折疊收納於櫥箱之中，然後堆疊成3層。深度夠深，可以容納大量衣物。

幼稚園用品和嬰兒背帶
集中收納於一處會方便許多

ぼってまま女士 @potte2house___ayu

衣服和外出用品全集中在這裡，上幼稚園前的準備也會輕鬆不少。嬰兒背帶收在左下方的聚酯收納箱，其餘2個收納箱則空下來，用來暫時擺放隨身行李和衣服。

各自準備
一個收納箱

棉麻聚酯收納箱／方形／小（約寬35×深35×高16cm）890日圓

軟質聚乙烯收納盒／中（約寬25.5×深36×高16cm）590日圓

靈活運用
附蓋 or 無蓋的軟質收納盒

Nagisa女士 @ harysworks

軟質收納箱是從孩子包尿布時期使用至今的愛用品。現在放在衣櫥上層收納學雜用品。使用頻率低的物品放在附蓋收納箱，使用頻率高的放在無蓋的收納盒。

棉麻聚酯收納箱／長方形／中／附蓋（約寬37×深26×高26cm）990日圓

棉麻聚酯收納箱／長方形／中（約寬37深26×高26cm）890日圓

嬰兒的護理用品
和洋裝一起放入收納櫃！

小池百々子女士 @ mocco_photo

像是體溫計、棉花棒、指甲刀和梳子及髮飾類，都是換裝時經常用到的物品。棉棒‧急救品盒的尺寸恰好適合收納嬰兒的零碎雜物。

PP化妝盒／棉棒‧急救品（約寬10.7×深7.2×高7.7cm）100日圓

無印良品的收納用具剛好符合洗手台系統櫃。準備與家中人數一致的軟質收納箱半／小，收納睡衣和內衣。

牙刷隨手一扔就歸位！
不會接觸到洗手台，清潔又衛生

広田なつき女士 @ relaxathome01

用壓克力小物收納架收納牙刷。用完順手橫放就好，兒童也能輕鬆歸位！低存在感的透明材質，洗手台看起來也乾淨清爽。

壓克力小物收納架
／斜口（約寬8.8×
深13×高14.3cm）
1,190日圓

睡衣和內衣收在洗手台下方！
採用一人一盒的收納方式

yui女士 @ yu.i_home

當作抽屜
使用

棉麻聚酯收納箱／長方形
／半／小（約寬18.5×深
26×高16cm）590日圓

配合孩子的成長
升級軟質收納箱的容量！

風間美和女士 @ casa__mk

以軟質收納箱收納內衣和睡衣。今年6歲的孩子剛好適合用長方形／小的尺寸。打算在成長後改用大容量的收納箱。由於外觀簡約，所以能夠再次運用。

淺型收納盒
可清楚看見內容物

棉麻聚酯收納箱／長方形／小
（約寬37×深26×高16cm）
690日圓

尿布＆換洗衣物放入同個箱子！
縮短洗澡及打理寶寶的時間

(chika女士 @ tchm.k__home)

其實是
用分隔板
立放尿布

基本上衣物是收在衣
櫥，尿布、內衣和睡
衣放入聚乙烯收納
盒，擺在更衣室。這
樣就能省下分次拿取
的麻煩，照顧起來也
會更輕鬆。

軟質聚乙烯收納盒／大
（約寬25.5×深36×
高24cm）790日圓

軟質聚乙烯收納盒／中
（約寬25.5×深36×
高16cm）590日圓

PP 盒收納貼身內衣
可依季節更換內容物

(Nagisa女士 @ harysworks)

以排列組合
空間利用最大化

雖然收納空間很有限，但
是用PP盒系列自由搭配組
合後，就能製作出兄弟倆
各自的抽屜。會隨季節更
換收納物品。

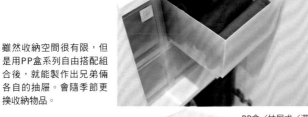

PP盒／抽屜式／深
型（約寬26×深
37×高17.5cm）
990日圓

PP盒／抽屜式／深
型／窄／（附隔
板）（約寬14×深
37×高17.5cm）
890日圓

用來浸泡清理拖鞋也可以！

(広田なつき女士 @ relaxathome01)

聚乙烯收納盒防水性
強，用來清洗拖鞋也
很方便。聚乙烯收納
盒／半／中的尺寸正
好能放一雙拖鞋，也
可以放在洗臉台上。
用不到的時候就收納
在洗臉台下方。

軟質聚乙烯收納盒／半／
中（約寬18×深25.5×高
16cm）490日圓

Nice item!

擁有廣大愛用者！
兒童牙刷＆牙刷架

在採訪過程中，我們看到許多家庭都有
這個牙刷和牙刷架。據說只要牙刷和牙
刷架的色彩相同，兄弟就不會拿錯！透
氣性佳，刷毛快乾也是受歡迎的原因之
一。

聚丙烯兒童牙刷／白·藍（全長約13.5cm）
各190日圓·白磁牙刷架／1支用／白色（約
直徑4×高3cm）250日圓·白磁牙刷架／1
支用／藍色（約直徑4×高3cm）290日圓

既能收納物品
又能當椅子的
堅固箱子

風間美和女士 @ casa__mk

身為門面的玄關,會特別想維持整潔清爽。由於不想讓五顏六色又容易亂糟糟的戶外玩具露出來,所以集中收納在材質堅固的收納箱中。使用小尺寸就不會占空間。
耐壓收納箱／小／30L(約寬40×深39×高37cm)1,490日圓。
※實例使用舊款

嘿咻!
嘿咻!

也能直接
在戶外使用!

連體積偏大的無線遙控玩具類也能收納的大容量!即使被泥沙灰塵弄髒,也能快速清潔也是一大優點。

小尺寸也有
充足的收納力

由於重量不算很重,加上附提把,所以兒童也能輕鬆搬運。也經常拿去庭院當座椅使用。

用手指一勾
就能輕鬆抽取

用標準型檔案盒
草率收納戶外玩具

広田なつき女士 @ relaxathome01

聚丙烯檔案盒／標準型
／1／2／白灰（約寬
25×深32×高12cm）
690日圓

聚丙烯檔案盒／標準型
／A4／白灰（約寬
25×深32×高24cm）
990日圓

聚丙烯檔案盒系列除了整理資料外，
也能廣泛運用很多方面。寬25cm的
標準型放在玄關也不會突兀，用它收
納戶外玩具用品，就不用怕泥沙會弄
髒層架。

到家後隨手一扔就好！
有效降低孩子隨手亂扔頻率

とめ（伊藤智子）女士 @tome_ito

軟質聚乙烯收納
盒／圓型／深
（約直徑36×高
32cm）990日圓

將收納盒擺在玄關通
往洗手台的樓梯轉角
處。孩子回家後就能
把外套和雜物隨手收
納進去。這樣可避免
孩子把衣物扔在地上
不管，減輕父母的焦
躁感。

配置在玄關鞋櫃下面剛剛好
連安全帽都裝得下的大尺寸

與鞋櫃完美契合
就像是渾然天成

ムジッコりえ女士 @ mujikko_rie

尺寸正好契合鞋櫃縫隙，從外面看不
太到內容物，使玄關看起來整潔許
多。但為了好收易拿，必須留意不要
塞入過多物品。

軟質聚乙烯收納
盒／大（約寬
25.5×深36×高
24cm）790日圓

從嬰兒時期一路用到大！
無印良品的耐用逸品清單

無印良品的收納用品不僅外觀簡約，還能靈活再利用。從嬰兒時期到學童時期都能變換用途長久使用也是魅力所在！
本篇會介紹無印良品廣受好評的六種用品，還有它們各自的推薦用法。

看起來都具格調！

無論內容裝什麼

可堆疊的
藤編長方形籃

優雅的天然材質，就算放入兒童雜七雜八的物品，
也無損居家美學。中尺寸的高度恰好能將內容物一
覽無遺。

\ masterpiece! /

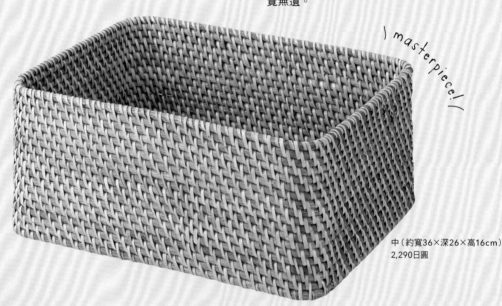

中（約寬36×深26×高16cm）
2,290日圓

瑣碎的學雜用品
集中收納於此

暫時放在自宅保管的學雜用品、只有雨天會用
到的書包防雨套等全都放在同個箱子內。其高
度可裝得下一般兒童辭典。

草率收納
兒童玩具

推薦給想用一個收納箱管理玩具類用品的人。
中尺寸兒童也能輕鬆搬運！還能直接將收納箱
堆疊起來。

嬰兒的
護理用品

像是尿布、濕紙巾和乳液等剛好可以收納成兩
排。平常擺放在層架上，使用時直接拉出來，
很有效率。

採用柔軟的棉麻材質,使用時靈活方便,內裡有表面塗裝,若髒了就能輕鬆清理,也是魅力之一。

材質輕盈柔軟,
可以安心使用!

\masterpiece!/

中(約寬37×深26×高26cm)890日圓

推薦用附蓋款
保管過季用品

本系列種類豐富,還有拉鍊式開合的附蓋收納箱。想把過季衣物和泳裝收納在衣櫥時,就能達到防塵的效果。

棉麻聚酯收納箱/長方形/中/附蓋(約寬37×深26×高26cm)990日圓

學期末帶回家的
學雜用品收進去

因為材質柔軟,不用時可摺疊收納也是一大優點。用來收納長假才會放在家中保管的學雜用品很方便。

收納大大
小小的玩偶

適合收納占空間的玩偶。將長方形/中的收納箱擺在自由組合層架後,上方還留有些許空間方便取放物品。

不僅可以整理資料，還能為寬廣空間做區域劃分。由於是不透明的白灰，恰好能遮蔽五顏六色的物品。

\ masterpiece! /

寬版的檔案盒
可做收納用途 or 空間區隔

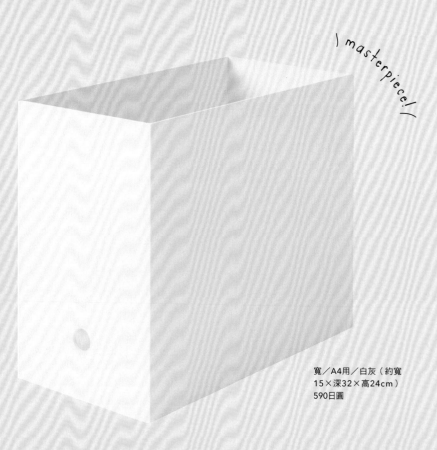

寬／A4用／白灰（約寬15×深32×高24cm）
590日圓

收納美勞&手工藝材料

分組收納像色紙、蠟筆、紙黏土等物品。平時放在櫥櫃，孩子想玩時再整箱拿出來十分方便。

收納便當&保冷袋

直立收納無法自行站立的軟包類。寬版無法塞太多物品，相對也好收易拿！也可以放入便當盒和水壺。

直立檔案盒也可收納繪本

檔案盒立放使用，就能化身為書架。想擺在層架當成書擋來劃分空間，還是在自由空間打造簡易書櫃都可以。

軟質聚乙烯
收納盒

圓角設計，就算掉落也不怕刮傷地板！同時耐冷防水，用清水就能輕易沖洗乾淨也是一大優點。

兒童也能輕鬆使用
輕盈軟質系列！

\masterpiece!/

半／中（約寬18×深25.5×高16cm）490日圓

中尺寸適合
收納戶外玩具

具有雙倍收納力的中尺寸收納盒，面對像玩具球及挖沙玩具套組等大型玩具照樣也綽綽有餘。就算盒底有沙土，用水一沖就乾乾淨淨！

軟質聚乙烯收納盒／中（約寬25.5×深36×高16cm）590日圓

收納整理
衣物和內衣

充分活用其防水的特性，放在經常濕漉漉的洗手台收納換洗衣物。就算洗完澡後用潮濕的雙手觸碰也不用擔心。

當為雜物箱
收納瑣碎物品

用來任意地種很難分類的用品及備而不用的物品。半／中的收納盒的尺寸，剛好不太會讓物品被埋沒。

本系列除了放在抽屜，也很適合擺在寬廣空間替物品定位。最萬用的PP整理盒（3）很推薦用來草率收納瑣碎小物。

爲寬廣空間劃分區域
不浪費一絲空間

\masterpiece!/

3（約寬17×深25.5×高5cm）190日圓

圍巾和披肩
並排擺放

在大人的衣櫃同樣也能大顯身手。整理盒是圍巾等配件類折疊擺放也不會被埋沒的高度。擺在層架上當作抽屜使用也可以。

收納色鉛筆
＆文具用品

色鉛筆一字排開擺在專屬收納盒的草率收納最省事。放入鉛筆還有餘裕空間，取放歸位都很方便，拿來收納備品也OK。

放在抽屜內
分類衣物用

這款整理盒的寬度剛好符合兒童衣物，收納秘訣在於將折好的衣物稍微錯開位置重疊擺放，這樣衣物就能一目了然，挑選起來也方便。

耐壓收納箱

戶外也能使用堅固材質，能夠廣泛運用在各種方面。大尺寸用來收納玩具、季節性用品和戶外用品也游刃有餘。

收納力出類拔萃！
戶外也能使用

masterpiece!

大／50L（約寬60×深39×高37cm）1,990日圓

推薦用特大尺寸
收納防災用品

本系列總共有從迷你到特大共四種尺寸。用容量驚人的特大尺寸存放防災用品，遇到緊急時刻也會安心許多。

耐壓收納箱／特大／約70L（約寬78×深39×高37cm）2,990日圓

整齊收納
露營用品

喜歡從事戶外活動的家庭，也可以用它收納露營用品。卡式爐和大水壺也容納得下。蓋上蓋子還能當作桌椅使用。

占空間&
數量多的玩具

最適合收納積木類和玩偶。一個箱子就容納下所有玩具，因此也不必花功夫分類，把玩具統統扔進去就整理完畢！

居家玩樂・學習・閱讀・
換衣服＆外出前的準備・戶外玩樂

針對孩子
日常生活情境
的收納提案

樂高積木放在大面積的橫式收納箱，孩子較容易尋找！
進一步用內托盤整理也很加分

きなこ女士 @ kinako_710

放入超多零件！

內托盤剛好能放在上面

蓋上盒蓋整齊又美觀

PP整理盒1（約寬8.5×深8.5×高5cm）80日圓

PP整理盒2（約寬8.5×深25.5×高5cm）150日圓

PP收納箱內托盤／白灰（約寬35×深23×高5.5cm）390日圓

PP收納箱／橫式／中／白灰（約寬50.5×深37×高16cm）890日圓

小輪胎、透明零件、窗戶等零件收入整理盒的內托盤。由於附有把手，移動使用也很方便。只要蓋上另外販售的盒蓋，就不會積灰塵，擺放在客廳也不突兀。

收納籃設置在樓梯旁
更順暢地移動1樓⇔2樓的玩具

いのうえゆき女士 @ yuki_ie_53.k

附把手帆布長方形籃／窄／中（約寬37×深18.5×高16cm）1,290日圓

各樓層都設有收納籃，當小孩想移動玩具到不同樓層時，只要提起整籃移動即可，這套收納規劃能有效減少玩具不見和散落一地的情況發生。使用後就立刻放回固定位置。

尺寸這麼地恰到好處！

積木不用分類跟分隔收納！
隨手扔進去就能一口氣整理完畢

風間美和女士 @ casa__mk

懶人整理法！

耐壓收納箱／大／50L
（約寬60×深39×高37cm）1,990日圓

將大量積木類玩具收入堅固的收納箱。與孩子約好無須細分只要扔回箱內後，就能交給他們自行整理。這種草率收納方式很節省時間。

圓角設計的軟質收納箱收納玩具
能從嬰兒時期一路沿用到現在

Nagisa女士 @ harysworks

Nice item!

小手也能輕易握取！
半型色鉛筆也很受歡迎

對於家中有2歲到4歲幼童的父母來說，半型色鉛筆超好用。「好拿易握，我的2歲女兒很喜歡」、「連幼童也能簡單收拾」等都是它受歡迎的理由。

繪圖色鉛筆／半型／36色／紙筒裝790日圓

布製的材質很輕盈，所以孩子也能輕鬆使用，一開始用來收納尿布，後來陸續收進Pla-rail鐵道王國和玩偶等，搖身一變成為雜物箱。內裡有耐髒的塗料也廣受好評。

棉麻聚酯收納箱／長方形／中（約寬37×深26×高26cm）890日圓

\寬度剛剛好
看了心情也好/

薄型 PP 資料盒化身爲
Pla-rail 鐵道王國的車庫！

とめ（伊藤智子）女士 @tome_ito

PP資料盒／橫式／薄型
（約寬37×深26×高
9cm）890日圓

PP資料盒／橫式／深型
（約寬37×深26×高
17.5cm）1,090日圓

盒內高度剛好能容納一字排開的Pla-rail鐵道
王國，鐵軌和隧道等零件則放在深型收納
盒。為了方便幼童辨識和整理，所以選擇半
透明。

難以收納的大型玩具劍
立放在軟質收納箱

広田なつき女士 @ relaxathome01

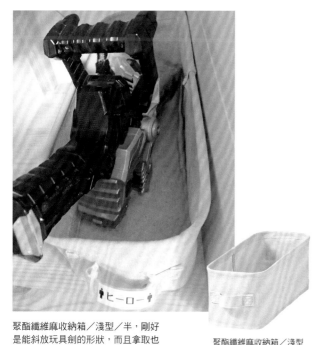

聚酯纖維麻收納箱／淺型／半，剛好
是能斜放玩具劍的形狀，而且拿取也
方便。由於材質柔軟，不必擔心取放
玩具劍時會刮傷盒身或是發出聲響。

聚酯纖維麻收納箱／淺型
／半（約寬13×深37×
高12cm）490日圓

將收納架組合成適合收納
大型桌遊和骰類遊戲的高度

ムジッコりえ女士 @ mujikko_rie

PP收納架／深大型
／9A（約寬37×深
26×高26cm）990
日圓

PP組合箱用輪子／
4入390日圓

很喜歡倒置或是堆疊使用都可以的本
系列產品。將薄型收納架倒置在深大
型收納架上面，組合成符合玩具的高
度。同時附腳輪，移動和打掃起來都
方便！

學雜用品放入黃麻袋！
自行站立的硬挺材質很方便管理

（mamayumi女士）

黃麻購物袋／A6
／原色（長23×寬
21×側寬15cm）
170日圓

／剛好露出
上半截封面＼

／可自行站立
無壓力＼

從二樓兒童房去一樓念書時，將學雜
用品放入袋內直接提著走最方便。硬
挺的材質能自行站立，會露出一小截
教科書的封面，能作為檔案盒使用也
是優點之一。

有了附手把的檔案盒
就能實現開敞佈置

（ムジッコりえ女士 @ mujikko_rie）

／長假作業
也一起收納＼

聚丙烯附手把檔案盒／標準
型／白灰（約寬10×深
32×高28.5cm）990日圓

聚丙烯檔案盒用／隔間小物
盒（約寬9×深4×高5cm）
150日圓

為了讓孩子無論在客廳或兒童房間都能念
書，所以常用的學雜用品都收納在附手把的
檔案盒。特意費心裝上小物盒，專門收納像
橡皮擦等小文具。

學習

書桌抽屜內
也會清爽無比

分類文具用品。
以整理盒、抽屜盛裝
更換內容物&運用皆便利

風間美和女士 @ casa__mk

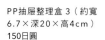

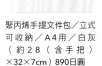

PP抽屜整理盒 3（約寬
6.7×深20×高4cm）
150日圓

PP抽屜整理盒 2（約寬
10×深20×高4cm）190
日圓

聚丙烯手提文件包／立式
可收納／A4用／白灰
（約28（含手把）
×32×7cm）890日圓

先用整理盒分類膠水、剪刀、鉛筆等
文具，最後放入手提文件包，扮演工
具箱的角色。書桌抽屜也使用同款整
理盒，整盒拿出抽屜任意運用也沒問
題。

能夠輕易方便地
放入層架上頂層

只要把講義放在盒內就好！
收納步驟簡單，孩子才會持之以恆

広田なつき女士 @ relaxathome01

不必替考卷和作業等紙本講義細分科目，只
需放入抽屜式收納盒的收納法。待年底會把
紙本講義和教科書統一保管於檔案盒。

PP盒／抽屜式／深型／白灰（約寬
26×深37×高17.5cm）990日圓

聚丙烯檔案盒／標準型／寬版／A4
用／白灰（約寬15×深32×高
24cm）590日圓

在洗衣間換衣服！
讓孩子自行挑選服裝

(コドモ.アイ てんちょう女士 @kodomo.ai)

衣物烘乾後立刻就能收起來，同時也能在梳洗後直接做出門上學的準備，是很順暢的生活動線。換季時能將抽屜直接對調位置，方便孩子拿取衣物。

用布遮起來！

PP衣裝盒／抽屜式／小（約寬40×深65×高18cm）1,190日圓

PP衣裝盒／抽屜式／大（約寬40×深65×高24cm）1,490日圓

PP衣裝盒／抽屜式／深（約寬40×深65×高30cm）1,790日圓

衣物放入
盒中就完成

西服的收納箱選用
容易取放的無蓋款式

(山田明日美女士 @kaikabiyori)

不鏽鋼層架收納西服。並不費將衣物折疊整齊，而是草率收入聚乙烯收納盒。為了能一個動作完成取放，所以選擇無蓋收納。

軟質聚乙烯收納盒／中（約寬25.5×深36×高16cm）590日圓

背包和帽子採用順手收納！
越簡單越能習慣成自然。

Nagisa女士 @ harysworks

名牌放
在玄關

孩子就讀的幼稚園會把帽子放在置
物櫃，所以家裡也比照辦理，直接
把帽子放在收納盒上。讓孩子採用
與幼稚園相同的收納動作，孩子做
外出前的準備會更輕鬆。

PP盒／抽屜式／深
型（約寬26×深
37×高17.5cm）
990日圓

由於孩子經常忘記別
上的名牌，於是在玄
關大門鄰近處裝了小
托盤。放在做外出準
備的空間，孩子準備
出門時就不會忘記。

壁掛家具／小托盤／橡
木（約寬11×深10×高
8cm）1,290日圓

該如何收納嬰兒用品？

用鍍鋅鐵箱的材質感
掩飾雜亂的育兒用品

コドモ.アイ てんちょう女士 @kodomo.ai

鍍錫箱即使擺在客
廳也很賞心悅目。
在把手部分掛上玩
具，這樣更換尿片
時，孩子可以順便
玩。

附蓋鍍鋅鐵箱
（約寬26×深
37×高24cm）
1,590日圓

統一收納於方便移動的提籃內。
再利用收納盒分類雜物

小池百々子女士 @ mocco_photo

使用不太會流露生
活感的提籃收納。
直接全拋進去容易
找不到物品。所以
用PP化妝盒1／2橫
型和PP化妝盒／棉
棒・急救品來分類
物品。透明材質也
能自然融入提籃之
中。

PP化妝盒／棉
棒・急救品（約
寬10.7×深7.2×
高7.7cm）100
日圓

PP化妝盒／½橫
型（約寬15×深
11×高8.6cm）
150日圓

用藤編籃收納繪本
就能自然融入客廳

森麻紀女士 @mori_macky

孩子年紀還小時，客廳會設置繪本專區。用外觀不像正規收納用品的藤編籃收納顯得美觀大方。平時打開使用，家中有訪客時就蓋上蓋子。

平常時打開使用

可堆疊藤編／長方形籃／特大（約寬36×深26×高31cm）3,990日圓

可堆疊藤編／長方形用蓋（約寬36×深26×高3cm）790日圓

二樓的走廊
擺放層架收納繪本

小池百々子女士 @ mocco_photo

從圖書館借閱的書本
放在同一處！
用檔案盒加以區分

広田なつき女士 @ relaxathome01

聚丙烯檔案盒／標準型／寬版／A4用／白灰（約寬15×深32×高24cm）590日圓

檔案盒立放在書架的角落，打造借書專區。從圖書館借來的書另外放，既不會跟自家書混淆，也不會忘記歸還。

由於睡前會唸繪本給小孩聽，所以設置在寢室不遠處。5層的層架橫向擺放適合幼童的身高。這個層架在搬家前是做其他用途。

自由組合層架組．5層．橡木（寬42×深28.5×高200cm）18,900日圓

去公園玩的野餐墊，
建議挑選耐用的聚乙烯材質

風間美和女士 @casa__mk

聚乙烯材質就算髒了，拍幾下馬上就清潔溜溜，所以也會帶去公園使用。與防曬乳液、吹泡泡玩具和迷你電扇等收在一起，然後攜帶出門。

聚乙烯野餐墊／淺米（約60×88cm）390日圓

可折疊
縮小面積

能長久使用的水壺
廣受大眾喜愛

mujibiyori女士 @mujibiyori

當作孩子外出時補充水分的個人水壺。這款水壺可以直飲及吸管兩用，能因應孩子成長及長久使用，所以深受消費者喜愛。

兒童水壺／兩用式／附吸管、背帶／500ml（約直徑8×寬9.2×高20cm）1,490日圓

聚乙烯收納盒
也適合孩子玩水使用！

とめ(伊藤智子)女士 @tome_ito

由於材質防水耐冷，也是庭院玩水的好工具。圓型／深的尺寸剛好能容納2個孩子的雙腳，清洗後很快就乾燥也是一大優點。

軟質聚乙烯收納盒／圓型／深（約直徑36×高32cm）990日圓

如何處理惱人的收納？

兒童物品的增加及汰換速度很快，擬定收納規劃也是令人頭疼的事。
所以本篇整理很多常見的收納技巧，來幫助為了擺放和收納場所傷透腦筋的父母。

兒童的相關資料・卡片類

需經常確認的文件放入抽屜式收納盒
留底用文件則放在檔案盒

〔 風間美和女士 @casa__mk 〕

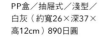

PP盒／抽屜式／淺型／
白灰（約寬26×深37×
高12cm）890日圓

用透明資料夾替經常翻閱的資料和提交文件
等分類後，放入抽屜式收納盒。使用頻率低
的資料則收納在檔案盒。文件分類後，很快
就能找到想看的文件！

個人專用收納袋整理醫療文件
這樣就不會忘記帶出門

〔 広田なつき女士 @relaxathome01 〕

替孩子每人準備一個收納袋，
放入各自的親子手冊、健保
卡、病歷卡、用藥手冊。雖然
以前老是丟三落四，自從用這
個方法後就再也沒忘記帶出
門。

EVA夾鍊收納袋／B6（約
寬15×長22cm）100日圓

使用中的資料放在透明收納夾
確認後的資料以線圈式檔案夾分類

〔 mujibiyori女士 @mujibiyori 〕

為了避免漏交必要文件，
所以放入透明收納夾來整
理。用完的文件則依序放
入檔案夾。依照時間順序
確認，回顧起來很方便。

聚丙烯方便攜帶薄型透明收納
夾／A4／10口袋（約寬
23.8×長31cm）290日圓、2
孔檔案夾（線圈式）／A4／
米色（約寬24×長30.5×厚
2.5cm）290日圓

遊戲主機・平板電腦・DVD

挑選軟質收納盒遮蔽凌亂。
就近擺在使用場所就能快速歸位！

広田なつき女士 @relaxathome01

棉麻聚酯收納箱／方形／小（約寬35×深35×高16cm）890日圓

聚酯纖維麻收納箱／淺型／半（約寬13×深37×高12cm）490日圓

\ 將一整箱拿出使用！ /

用來收納玩具的軟質收納盒也很適合擺放遊戲主機。看不到五顏六色的外觀，居家空間頓時也清爽起來。附屬配件也收納在同系列的方形／小，然後再放入櫃內。

能因應需要可再增加的
活頁線圈收納 DVD 片

mujibiyori女士 @mujibiyori

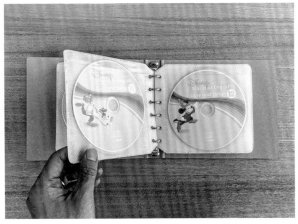

孩子的英語教學DVD集中收納在光碟片收納夾。不但能充分收納目前在使用的DVD，未來也能隨需求擴充收納袋。

光碟片收納夾／附5個收納袋（約寬15×長17.9cm）590日圓

透明的壓克力擺在
桌上也毫無存在感

ムジッコりえ女士 @ mujikko_rie

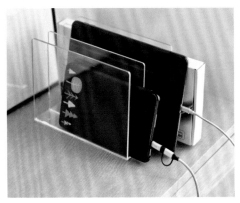

將平板電腦排放在間隔板中直接充電！透明材質降低存在感。底部面積寬能夠自行站立不易傾倒也是一大優點。

壓克力間隔板／3間隔（約寬13.3×深21×高16cm）1,190日圓

比起直接展示
放入相框更能錦上添花！

広田なつき女士 @relaxathome01

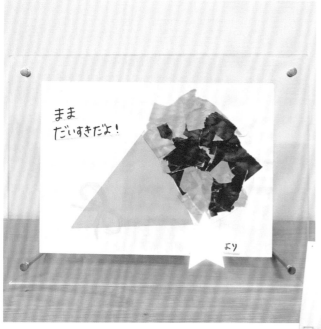

相框提升了作品的藝術感。壓克力框系列無論橫放、直放都可以，使用上相當方便。不用工具就能輕易卸除螺絲的設計也很貼心。

壓克力框（1）／A4
（約寬29.7×長21cm）
1,390日圓

用磁鐵夾夾住就好
孩子也能自行裝飾！

山田明日美女士 @kaikabiyori

塗鴉磁鐵夾／小（約寬2×長21cm）350日圓

過往都是把圖畫紙直接貼在牆面，卻有很快就會剝落的壓力。買了這個磁鐵夾後，黏貼更換就簡單許多。小孩也會主動把自己喜歡的圖畫掛上去。

口罩

兒童口罩的尺寸
剛好符合化妝盒

ムジッコりえ女士 @mujikko_rie

國小五年級的女兒使用的兒童口罩是14.5×9cm，剛好符合PP化妝盒¼的寬度。當作托盤一樣拉出來，依照當天心情選擇要戴什麼顏色的口罩。

PP化妝盒／1/4（約寬15×深22×高4.5cm）150日圓

將收納盒配置在外出動線上
放入藤編籃，就算露出來也賞心悅目

Nagisa女士 @harysworks

為了讓孩子自己動手，所以省略打開抽屜和蓋子的動作就能快速拿取這點相當重要。藤編籃內放入分隔盒，設置在兄弟各自的區域。

可堆疊藤編／可手提藤籃
（約寬15×深22×高9cm）
1,290日圓

聚丙烯摺疊分隔盒／3入／寬10cm用（約寬10.4×深9.3×高9.9cm）99日圓

季節性用品

季節飾品放入紙箱中
爲儲物間收納締造一致性

(mujibiyori女士 @mujibiyori)

儲物間
井然有序！

自由組合層架
也可作爲展示架

牛皮紙製收納箱／方形／附蓋／米色／深（約寬37×深37×高32cm）1,190日圓

方形／深尺寸的收納箱擁有大容量。將五月女兒節人偶整箱放進去。用不到時則可折疊存放，是經常更換內容物的儲物間收納的一大利器。

髮飾品

自由劃分抽屜內的區域！
用可決定大小的分隔板分類物品

(ムジッコりえ女士 @ mujikko_rie)

在抽屜式收納盒內使用可任意裁切的分隔板，爲髮飾製造專屬隔間。儘管髮飾大小不一，用分隔板依然能隔出剛好的尺寸，不會浪費到任何一絲空間。

PP分隔板／小／5入（約寬36×深0.2×高4cm）350日圓

PP資料盒／橫式／薄型／2個抽屜（約寬37×深26×高9cm）1,190日圓

方便客廳⇔洗臉台兩處的雙向移動
孩子使用時，也好收易拿

(kumiki女士 @mhome_12)

PP手提收納盒／寬／白灰（約寬15×深32×高8cm）990日圓

在客廳和洗臉台都會用到，方便搬運是推薦給大家的原因。髮類相關用品全放在這裡。貼上標籤後，孩子也能輕鬆歸位及整理。

間美學的困擾問答集！

談到兒童用品的外觀，不是顏色太鮮豔就是印有卡通人物…
所以不少父母也反應很難維持室內裝潢的風格。
本篇請到專業室內設計師傳授你時尚兼具清爽的收納訣竅。

室內設計師
生活規劃師
大塚彬子女士

PROFILE
擁有一級建築師執照，廣泛
提供各種居家規劃服務，從
平面布置到室內設計。有兩
個上小學的兒子。
Instagram：@aco_1206

問題

玩具和繪本專區
無論怎麼整理
看起來都很凌亂

解決方案！

讓整體空間的
材質和色彩保持一致性！

環境顯得凌亂的原因不外乎是「物品太多」和「設計要素不一致」。如果無法精簡物品，盡量統一收納用品的設計是最快的捷徑！玩具和孩子的書基本上都是雜七雜八。露出來很難維持視覺上的清爽，所以必須用設計風格一致的家具和收納用品加以遮掩。

室內設計三要素

色彩

形狀　　材質

設計三大要素為「色彩」、「形狀」、「材質」。就算形狀各異，只要色調一致，視覺上就會呈現清爽感。

Before

收納箱配合
家具的色調

聽聽室內設計師的專業建議！

解決兒童收納・妨礙居家空

解決方案！

不只是收納箱 連標籤也統一

一致性越強，居家環境看起來也越整齊。如果沒有標籤，貼上紙膠帶在上面寫字也可以，色彩和黏貼位置也要維持一致性。秘訣就是仿照雜貨店的陳列方式。雜貨店雖然有琳瑯滿目的商品，但店內的收納籃和宣傳廣告全面採用統一風格，所以不會給人雜亂的印象。

和紙膠帶／3色（暗紅、米、灰）單捲：（約寬1.5cm×12m卷）390日圓

解決方案！

積木和模型公仔等 以色彩分組是技巧 展示起來會更好看

展示玩具時，應該以色彩進行分組，而非種類。分組完畢後，將不同組的玩具間隔開擺放，就能搖身一變成為時尚擺飾！擺在相框上，「展示專區」也能進一步提高整體感。或擺在餐墊上也很OK喔！

Before

Before

解決方案！

用收納箱遮住 五顏六色的書本和漫畫

包書套固然好，但不可能每本書都這樣處理。所以推薦大家使用收納箱。如果收納箱的深度可容納書背朝上立放，只要拉出箱子，箱內書本就能一看即知。大尺寸書本可放入黑色檔案箱，就能降低凌亂感。

想展示孩子帶回家的美術勞作和圖畫
卻與室內裝潢格格不入

解決方案！

將成熟風格與
童趣作品的比例
調整爲7:3

請別把小孩的作品想成是房間的主角，它只不過是室內裝潢的一部分或兼為一項要素而已。與植物和大尺寸的藝術風格海報擺在一起，就會變得有模有樣。室內擺飾建議採用散發成熟韻味的色彩和材質，像是灰、黑、銀、黃銅、玻璃等。如果想直接將圖畫擺在層架上或貼在牆上，只要用成熟色系的紙膠帶黏貼於圖畫紙的四周，就會有裱框的效果，質感也隨之大幅提昇。

\ 也推薦各位 /
\ 這樣做！ /

裝框裱褙可提升成熟感。最百搭的是木框，其他像黑鐵和黃銅效果也十分推薦。

木製相框／A4（畫面尺寸約20.6×29.3 8cm）1,490日圓

作品的保管箱也講求成穩要素！

硬質紙箱／附蓋（約寬25.5×深36×高32cm）2,090日圓

硬質紙箱／附蓋／附輪（約寬38×深36×高36cm）3,490日圓

科沙爾紙盒／淺型／A3（約寬43.5×深31.5×高5.5cm）1,600日圓

我們經常依尺寸挑選保管箱，但「看不見內容物」和「能收斂空間的色彩」也很重要。由於箱內物品會越來越多，所以我們多半會把保管箱擺放出來。採用成熟的設計，就算經常看到也無傷大雅。

※無印良品跟法國紙製造商合作的一款紙箱，原文為Cauchard，僅為音譯。

兒童用品的尺寸材質各不相同
不知道該挑選何種收納方式？

例如

電玩主機

> 附把手的收納用品除了一目了然，也方便提著移動！

能夠讓經常使用的物品一目了然，遠比能收納很多物品來得重要。不妨挑選容易看到內容物的窄型收納籃吧。若是附把手，使用時只要整籃提著走，事後整理也會輕鬆很多！

附把手帆布長方形籃／窄／中（約寬37×深18.5×高16cm）1,290日圓

客廳⇄兒童空間，搬取玩具時
用附輪的收納箱也更方便！

木製收納箱／松木／附輪（約寬35×深35×高30.5cm）3,990日圓

解決方案！

用設計‧機能性‧
協調美感一起決定收納方式吧！

基本上孩子自行取放的物品，採用無蓋的開放式收納絕對最輕鬆。雖然設計層面上，「全面統一用白色」是萬無一失的做法，但選用與家具色彩調諧的顏色，嘗試混搭些不同材質的收納箱，就能進一步提升整體印象。同款收納箱成雙排列，有助於加深整體的協調性。

例如

衣物‧內衣類

> 有了淺型收納箱就不會找不到了！

淺型收納箱的優點在於不太會有物品堆疊的問題，不必翻找就能輕易拿出想要的物品。側面有把手就能從層架上快速地把收納箱拉出來，相當方便。

> 必要物品的收納箱盡量挑選能將內容物盡收眼底的尺寸

將內褲和襪子等貼身衣物配套放在同一收納箱內管理。這種做法比分別自收納箱拿取更節省時間。想增添摩登感則可混搭不同材質的收納箱。放入鐵線收納籃，空間頓時也俐落起來。

編集M·K

長男（13歲）、長女（10歲）
育兒書編輯。正在摸索讓孩子能夠自動自發收納的方法。

活用衣帽架
吊掛收納
書包和提袋

女兒經常把書包和才藝袋扔在地上，所以買了這個衣帽架。沒有規定各自的書包要放哪裡，全部集中掛在桿上就好，所以討厭收拾的孩子也能毫無壓力持之以恆。

撰稿人佐藤望美

長男（9歲）、長女（5歲）
本書主筆，同時為『支援生活和整頓自我的無印良品』（敝社刊物）執筆。

附口袋的
電腦包
很方便！

讓兒子把就讀國小配發的電腦頻繁帶回家。聚酯纖維網眼筆記型電腦包／附口袋／13吋用／黑，能滿足放入書包，連同充電線一起帶去學校的需求。使用具有緩衝性的材質也讓人安心！

編輯&撰稿人

大推
無印良品
最愛好物

本篇將介紹尚在育兒的編輯和撰稿人私心推薦的無印良品好物。

編輯Y·I

長男（9歲）
育兒書編輯。居家上班的機會變多，正在思考怎麼整理收納客廳。

愛用各尺寸
輕盈堅韌的
尼龍網眼收納袋

購買了好幾種尺寸、色彩和種類不同的尼龍網眼收納袋，作為包中袋使用。小尺寸的放腳踏車鑰匙和零食，偶爾會放零錢。中、大尺寸則是放電玩遊戲相關用品。不只孩子變得會整理，也減少了忘記帶物品的頻率呢！

編輯T·K

兒子（16歲）、女兒（12歲）、次女（6歲）
本書責任編輯，漸漸地臣服於無印良品的魅力之下，最近也在考慮購買無印良品的書桌。

居然意外地難買！？
女兒喜歡的
簡約風直角短襪

沒有任何LOGO和花紋的簡約素色童襪，竟意外地難找，無印良品的價格也平易近人。每次去店鋪我都會專程買好幾雙。彈性佳又好穿，活潑好動的老么也很喜歡。

撰稿人田中希

長女（11歲）、長男（7歲）
女性雜誌的資深自由編輯。在家中廣泛使用層架和鍍鋅鐵收納用品。

面對不擅長收納的孩子，
用透明收納夾收納
親子間的回憶物品

除了繪畫和美勞作品擺在A3收納夾，其餘像是塗鴉、票根和才藝課程摺頁等稱不上作品的物品，則依照時間排序當作「回憶資料夾」。翻閱時就會想起與孩子們曾有的對話。

KOL LIST

● **mamayumi 女士**
家庭成員 丈夫、兒子（8歲）的三人家庭
住宅房型 福岡縣、4LDK獨棟住宅
HP：https://recipe.rakuten.co.jp/mypage/1420010370/
「Kurashi Nista」網站：https://kurashinista.jp/user_page/detail/38477
家庭料理愛好者。無印良品推出的產品可配合生活方式的改變，隨己意靈活運用，讓我擁有極大的收納自由性。

● **コドモ・アイてんちょう 女士**
家庭成員 丈夫、女兒（8歲、0歲）、兒子（4歲）的五人家庭
住宅房型 福岡縣、4LDK獨棟住宅
Instagram：@kodomo.ai
HP：https://www.kodomo-ai.com
「Kurashi Nista」網站：https://kurashinista.jp/user_page/detail/13134
創作者。我家家規是「收納一律使用無印良品」。由於設計簡約、低調又有統一感，所以能輕鬆整理出清爽的居家空間，相當方便好用。

● **山田明日美 女士**
家庭成員 丈夫、女兒（13歲）、兒子（9歲）的四人家庭
住宅房型 愛知縣、3LDK出租公寓
Instagram：@kaikabiyori
HP：https://kaikabiyori.com
「Kurashi Nista」網站：https://kurashinista.jp/user_page/detail/24870
整理收納顧問、講師。無印良品的產品能夠長期使用，性價比也是最棒。以無須找物品的收納為目標從事活動。

● **森麻紀 女士**
家庭成員 丈夫、女兒（12歲）的三人家庭
住宅房型 愛知縣、2LDK出租公寓
Instagram：@mori_macky
Blog：https://macky1010.blog.fc2.com/
「Kurashi Nista」網站：https://kuashinista.jp/user_page/detail/3126
生活規劃師。按照「想要」的尺寸感覺來挑選無印良品的產品。目標是打造收納取物皆方便，365天都能舒適過生活的居家收納。

● **kumiki 女士**
家庭成員 丈夫、女兒（9歲）、兒子（7歲）的四人家庭
住宅房型 大阪府、3LDK公寓大廈
Instagram：@mhome_12
Blog：https://kumi-interior.com/
居家佈置賞心悅目固然重要，但全家人使用環境的方便性同樣很重要，所以多少流露點生活感也不會在意。

● **Ayaka 女士**
家庭成員 丈夫、兒子（8歲）、女兒（5歲）的四人家庭
住宅房型 東京都、兩代同堂的獨棟住宅
Instagram：@ks._.myhome
以整理收納顧問、居家清潔專家的身分進行活動。座右銘是打造讓全家人想回家的居家空間，推廣適合職業婦女的收納術。

● **広田なつき 女士**
家庭成員 丈夫、兒子（8歲、5歲）的四人家庭
住宅房型 埼玉縣、3LDK分戶共管式公寓大廈
Instagram：@relaxathome01
Blog：https://ameblo.jp/relaxathome
近藤麻理惠整理法諮詢顧問。將空間打造成讓全家人能開心做喜歡的事，用心維持無論對家人還是物品都舒適餘裕的居家收納。

● **風間美和 女士**
家庭成員 丈夫、兒子（6歲）的三人家庭
住宅房型 新潟縣、4LDK獨棟住宅
Instagram：@casa__mk
無印良品很多長銷款，所以能隨時添購或是汰舊換新。每當添購新品時，就會處分掉不需要的東西。玩具也比照辦理。

● **ぽってまま 女士**
家庭成員 丈夫、女兒（7歲）、兒子（4歲、1歲）的五人家庭
住宅房型 廣島縣、3LDK+自由空間獨棟住宅
Instagram：@potte2house___ayu
撫養三個小孩的全職媽媽。在Instagram上公開不過分勉強自己的整理收納方法。無印良品無論是家具或是收納用品都能長久使用，所以一直愛用中。

● **とめ（伊藤智子）女士**
家庭成員 丈夫、兒子（10歲、7歲）的四人家庭
住宅房型 東京都、4LDK獨棟住宅
Instagram：@tome_ito
HP：https://tome-lab.com/
「Kurashi Nista」網站：https://kurashinista.jp/user_page/detail/30736
生活規劃師、SOHO規劃師。無印良品的優點在於兼具簡樸性和機能性，就算小孩用過的物品也可以給大人再利用。

● **きなこ 女士**
家庭成員 丈夫、兒子（7歲）的三人家庭
住宅房型 不公開居住地、2LDK大樓大廈
Instagram: @kinako_710
Blog：http://tuduru.jp
在Instagram上發布育兒生活和手工藝品創意點子，喜歡的居家佈置風格是明亮木紋╳白色。著作有《陪孩子玩樂過生活》（暫譯）（KADOKAWA）。

● **いのうえゆき 女士**
家庭成員 丈夫、女兒（12歲）、兒子（10歲）的四人家庭
住宅房型 愛知縣、3LDK獨棟住宅
Instagram：@yuki_ie_53.k
Blog：https://ameblo.jp/yuki-ensoleille
「Kurashi Nista」網站：https://kurashinista.jp/user_page/detail/26142
生活規劃師。無印良品是襯托室內佈置的重要配角！因為簡樸，所以也能輕易融入我最喜歡的北歐風格家居用品。

● **mujibiyori 女士**
家庭成員 丈夫、兒子（3歲、1歲）的四人家庭
住宅房型 愛知縣、3LDK獨棟住宅
Instagram：@mujibiyori
不只愛用無印良品的家具和收納用品，也會廣泛使用其孕婦童裝系列。「收納固然重要，但也很重視挑選適合自己生活方式的用品。」

● **すず 女士**
家庭成員 丈夫、兒子（9歲）、女兒（6歲）的四人家庭
住宅房型 北海道、3LDK獨棟住宅
Instagram：@suzu_home0612
身為全職媽媽，很重視締造其他家人也能理解的收納概念，堅持室內用品必須遵照拿取就能歸位的整理計畫。

● **小池百々子 女士**
家庭成員 丈夫、兒子（4歲）女兒（1歲）的四人家庭
住宅房型 神奈川縣、4LDK獨棟住宅
Instagram：@mocco_photo
以編輯和作家的身分從事活動。為避免家中缺乏生活感，所以室內環境會維持適度的凌亂，來營造讓自己舒服的平衡點，留白也很重要！

● **chika 女士**
家庭成員 丈夫、女兒（2歲）的三人家庭
住宅房型 三重縣、4LDK+S獨棟住宅
Instagram：@tchm.k__home
規劃收納時，會留意居家佈置色調的一致性還有生活動線。無印良品的產品就算是不同系列的深度都一樣，所以很容易搭配組合！

● **Nagisa 女士**
家庭成員 兒子（8歲、6歲）的三人家庭（丈夫遠赴外地工作）
住宅房型 福岡縣、3LDK分戶共管式公寓大廈
Instagram：@harysworks
整理收納顧問。收納很重視取放方便，偏愛選擇就算小孩長大，生活模式改變也能始終活用的物品。

● **うに 北欧雑貨と平屋暮らし。女士**
家庭成員 丈夫、兒子（3歲、2歲）的四人家庭
住宅房型 不公開居住地、4LDK平房
Instagram：@uni_noie
無印良品的優點是簡樸及耐看的設計。即便是價位偏高的物品，也挑選能夠長久使用的家具和收納用品。

● **yui 女士**
家庭成員 丈夫、兒子（8歲、3歲）的四人家庭
住宅房型 鹿兒島縣、4LDK平房
Instagram：@yu.i_home
無印良品推出很多「輕便」「容易搬運」及「堅固」的用品，相當適合小孩收納物品。尤其偏愛軟質聚乙烯收納盒。

● **ムジッコりえ 女士**
家庭成員 丈夫、兒子（14歲）、女兒（10歲）的四人家庭
住宅房型 熊本縣、4LDK分戶共管式公寓大廈
Instagram：@mujikko_rie
Blog：https://ryouhinseikatu.com
整理收納顧問。無印良品無論是能輕鬆選購的線上商城，還是能確認實物的實體店鋪都很方便。家具和收納用品幾乎都是用他們家的！

生活美學家 02

無印良品親子收納術
培養孩子主動收拾好習慣

作　　　　者／主婦之友社◎編著
譯　　　　者／亞緋琉
發　行　　人／詹慶和
執　行　編　輯／詹凱雲
編　　　　輯／劉蕙寧・黃璟安・陳姿伶
執　行　美　術／陳麗娜
美　術　編　輯／周盈汝・韓欣恬
出　　版　　者／良品文化館
發　　行　　者／雅書堂文化事業有限公司

郵政劃撥帳號／18225950
戶　　　　名／雅書堂文化事業有限公司
地　　　　址／新北市板橋區板新路206號3樓
電　子　信　箱／elegant.books@msa.hinet.net
電　　　　話／(02)8952-4078
傳　　　　真／(02)8952-4084
網　　　　址／www.elegantbooks.com.tw

2023年11月 初版一刷　定價 420元

無印良品 子どもとすっきり暮らす収納術
© Shufunotomo Co., Ltd. 2022
Originally published in Japan by Shufunotomo Co., Ltd.
Translation rights arranged with Shufunotomo Co., Ltd.
Through Keio Cultural Enterprise Co., Ltd.

經銷／易可數位行銷股份有限公司
地址／新北市新店區寶橋路235巷6弄3號5樓
電話／（02）8911-0825
傳真／（02）8911-0801

STAFF
裝幀　　　松崎裕美（FLAMINGO STUDIO, INC.）
攝影　　　佐山裕子（P4〜8、34〜38、40〜44、90〜93）
　　　　　柴田和宣（P10〜14、22〜26、52〜55）（兩位皆為主婦之友社）
　　　　　内池秀人（P16〜20、46〜50）、清永洋（P28〜33）
構成・撰文　佐藤望美
責任編輯　　金澤友絵（主婦の友社）

國家圖書館出版品預行編目資料

無印良品親子收納術：培養孩子主動收拾好習慣/主婦之友社編著. --
初版. -- 新北市：良品文化館出版：雅書堂文化事業有限公司發行,
2023.11
　　面；　公分. -- (生活美學家；2)
譯自：無印良品子どもとすっきり暮らす収納術
ISBN 978-986-7627-54-4(平裝)

1.CST: 家庭佈置 2.CST: 生活指導

422.5　　　　　　　　　　　　　　　　　　112018225